新一代信息技术系列教材

基于新信息技术的软件测试技术

主　编　苏秀芝　刘　群　左国才

副主编　张　珏　谢钟扬　左向荣　周海珍　熊登峰

　　　　王　康　罗　杰　黄利红　董海峰　谢　虎

　　　　李　建　彭　玲　胡宇晴

主　审　符开耀　王　雷

西安电子科技大学出版社

内 容 简 介

　　本书系统地介绍了软件测试的基本概念和基本知识，以及软件测试的基本技术、测试原理、测试过程、测试用例设计、测试报告和测试评测、测试管理、测试工具等内容。本书内容由易到难、深入浅出，简明且通俗易懂。通过学习本书，读者能够较好地掌握软件测试的基本知识和基本技术。另外，本书的最后两章介绍了自动化测试工具，目的在于激发读者对软件测试技术和自动化测试技术的兴趣。

　　本书适合作为高职高专院校软件测试课程的教材或者软件测试培训班的教材，也可作为软件测试人员的自学参考书。

图书在版编目(CIP)数据

基于新信息技术的软件测试技术 / 苏秀芝，刘群，左国才主编. —西安：
西安电子科技大学出版社，2020.3（2024.1 重印）
ISBN 978-7-5606-5223-8

Ⅰ. ①基…　Ⅱ. ①苏…　②刘…　③左…　Ⅲ. ①软件—测试　Ⅳ. ①TP311.55

中国版本图书馆 CIP 数据核字（2019）第 019457 号

策　　划　杨丕勇
责任编辑　杨丕勇
出版发行　西安电子科技大学出版社(西安市太白南路 2 号)
电　　话　(029)88202421　88201467　　　邮　编　710071
网　　址　www.xduph.com　　　电子邮箱　xdupfxb001@163.com
经　　销　新华书店
印刷单位　陕西博文印务有限责任公司
版　　次　2020 年 3 月第 1 版　2024 年 1 月第 5 次印刷
开　　本　787 毫米×1092 毫米　1/16　印 张 13
字　　数　304 千字
定　　价　39.00 元

ISBN 978－7－5606－5223－8 / TP

XDUP 5525001－5
如有印装问题可调换

前 言 PREFACE

只要有软件存在的地方，就需要软件测试技术。随着信息技术的飞速发展和互联网技术行业的崛起，软件测试的重要作用日益突出。

软件测试是一门学科同时也是一门艺术，又是一个专业，它要求从业人员具有丰富的软件理论知识和从各个角度衡量评价软件质量的能力，从而客观地欣赏软件的优点并找出软件的缺陷。

本书由多位具有丰富教学经验的高校教师合作编写。在本书的编写过程中，我们融入了多年的软件测试课程教学经验和软件测试的实践经验，因此本书有通俗易懂、易于学习理解和实践性较强等特点。

本书适应高职高专院校软件测试专业及软件技术专业中软件测试课程的需要，理论联系实际，为培养既有深厚理论知识又有丰富实践能力的高技能人才而编写。本书内容丰富，涵盖了软件测试的各项基本技能知识。在本书的编写过程中，注意内容的先进性，将软件测试的新概念、新技术、新方法编入其中；在内容安排上，注意由易到难、深入浅出，并配有丰富的实例，使学生能系统地掌握软件测试理论和技术。

本书系统地介绍了软件测试的基本概念和基本知识，软件测试的基本技术、测试过程、测试用例设计、测试工具，如何报告软件缺陷，如何评估测试和测试文档，软件测试计划、自动化测试、软件测试项目管理等内容。全书共 10 章。第 1 章为软件测试概述，主要介绍软件测试的定义、分类，软件中的 Bug，软件测试的职业素质与要求，软件测试质量管理与评估等。第 2 章为软件测试基础，主要介绍软件开发模型、软件测试的目的与原则、软件测试过程、软件测试方法等。第 3 章为黑盒测试，主要介绍等价类、边界值、判定表、因果图、场景法等常用的黑盒测试方法。第 4 章为白盒测试，主要介绍白盒测试过程与任务、逻辑覆盖和基本路径等白盒测试方法。第 5 章为软件测试过程，主要介绍单元测试、集成测试、系统测试和验收测试。第 6 章为测试报告和测试评测，主要介绍软件缺陷、测试总结报告、测试评测、质量评测等。第 7 章为测试项目管理，主要介绍测试项目管理的相关概念、测试文档、软件测试计划、测试的组织与人员管理、软件测试过程管理、软件测试风险管理、软件测试成本管理、软件测试配置管理等。第 8 章为软件自动化测试概述，主要介绍软件自动化测试的概念、软件自动化测试的意义、开展自动化测试的方法、软件自动化测试工具等。第 9 章为功能测试工具 QTP，主要介绍 QTP 的安装及使用。第 10 章为测试管理工具 TestLink，主要介绍测试管理工具 TestLink 的安装与使用。

　　由于编者水平有限，加上时间仓促，书中不妥之处在所难免，请读者批评指正，提出宝贵意见和建议。

编　者

2019 年 11 月

目　录　CONTENTS

第1章　软件测试概述 1
1.1　软件测试技术 1
1.1.1　行业背景 1
1.1.2　软件测试的由来 2
1.1.3　软件测试的定义 2
1.1.4　软件测试的分类 3
1.1.5　软件测试技术的发展 5
1.2　软件中的Bug 6
1.2.1　软件Bug的定义 6
1.2.2　软件Bug的类型 6
1.2.3　软件Bug的级别 6
1.2.4　软件Bug的产生 6
1.2.5　软件Bug的构成 7
1.2.6　修复Bug的代价 7
1.2.7　Bug的影响 8
1.3　软件测试的职业素质与要求 8
1.3.1　软件测试职业发展 8
1.3.2　软件测试人员工作目标与必备素质 ... 9
1.4　软件质量管理与评估 12
1.4.1　软件质量的定义 12
1.4.2　软件质量的属性 12
1.4.3　软件质量的模型 13
1.4.4　软件质量的度量 14
习题与思考 14

第2章　软件测试基础 15
2.1　软件开发模型 15
2.2　软件测试的目的和原则 18
2.2.1　软件测试的目的 18
2.2.2　软件测试的原则 19
2.3　软件测试的模型 19

2.4　软件测试过程 21
2.4.1　单元测试 21
2.4.2　集成测试 22
2.4.3　系统测试 23
2.4.4　验收测试 24
2.5　黑盒测试和白盒测试 25
2.5.1　黑盒测试 25
2.5.2　白盒测试 26
2.5.3　黑盒测试与白盒测试比较 ... 27
2.6　静态测试与动态测试 27
2.7　验证测试与确认测试 29
习题与思考 30

第3章　黑盒测试 31
3.1　等价类测试 31
3.1.1　等价类的概念 31
3.1.2　等价类测试的类型 32
3.1.3　等价类测试的原则 34
3.1.4　等价类方法设计举例 35
3.2　边界值测试 36
3.2.1　边界值分析的概念 36
3.2.2　选择测试用例的原则 37
3.2.3　边界值分析设计举例 37
3.3　基于判定表的测试 38
3.3.1　判定表的概念 38
3.3.2　基于判定表的设计举例 ... 38
3.4　基于因果图的测试 39
3.4.1　因果图的适用范围 40
3.4.2　因果图图形符号介绍 40
3.4.3　因果图法测试用例设计举例 ... 41
3.5　基于场景的测试 42

3.6 其他黑盒测试 43
   3.6.1 错误推测法 43
   3.6.2 基于接口的测试 46
   3.6.3 基于故障的测试 46
   3.6.4 基于风险的测试 46
   3.6.5 比较测试 47
3.7 测试用例的编写 47
习题与思考 48

第4章 白盒测试 49
4.1 白盒测试简介 49
4.2 白盒测试过程 50
4.3 白盒测试任务 51
4.4 逻辑覆盖 53
   4.4.1 覆盖率的概念 53
   4.4.2 逻辑覆盖测试法 53
4.5 逻辑覆盖测试用例设计举例 57
   4.5.1 测试用例设计 60
   4.5.2 测试结果分析 68
4.6 基本路径测试法 68
   4.6.1 基本路径测试法简介 68
   4.6.2 基本路径测试法举例 68
习题与思考 71

第5章 软件测试过程 72
5.1 软件测试过程概述 72
5.2 单元测试 73
   5.2.1 单元测试定义 73
   5.2.2 单元测试内容 74
   5.2.3 单元测试方法 75
   5.2.4 单元测试环境 76
   5.2.5 单元测试过程 77
   5.2.6 单元测试人员 79
   5.2.7 测试工具简介 80
5.3 集成测试 81
   5.3.1 集成测试的定义 81
   5.3.2 测试目标 81
   5.3.3 集成测试的原则 81
   5.3.4 集成测试的策略 82

   5.3.5 集成测试过程 86
   5.3.6 集成测试人员 88
5.4 系统测试 88
   5.4.1 系统测试定义 88
   5.4.2 系统测试目标 88
   5.4.3 系统测试的主要测试技术 88
   5.4.4 系统测试的过程 91
   5.4.5 系统测试经验总结 92
   5.4.6 系统测试人员 92
5.5 验收测试 92
   5.5.1 验收测试定义 92
   5.5.2 验收测试目标 92
   5.5.3 验收测试的主要内容 92
   5.5.4 验收测试技术和测试数据 93
   5.5.5 验收测试人员 93
习题与思考 94

第6章 测试报告和测试评测 95
6.1 软件缺陷 95
   6.1.1 软件缺陷简介 95
   6.1.2 软件缺陷产生的原因 96
   6.1.3 软件的有效简述规则 97
   6.1.4 软件缺陷的属性 97
6.2 分离再现软件缺陷 101
6.3 正确面对软件缺陷 101
6.4 软件缺陷生命周期及处理技巧 102
   6.4.1 软件缺陷生命周期概述 102
   6.4.2 软件缺陷处理技巧 104
6.5 报告软件缺陷 104
   6.5.1 报告软件缺陷的基本原则 106
   6.5.2 IEEE 软件缺陷报告模板 106
6.6 软件缺陷的跟踪管理 108
6.7 测试总结报告 110
6.8 测试的评测 11
6.9 质量评测 112
习题与思考 113

第7章 测试项目管理 115
7.1 测试项目管理概述 115

7.1.1　测试项目与测试项目管理....................115
7.1.2　测试项目的范围管理....................116
7.2　测试文档....................117
　7.2.1　测试文档的作用....................117
　7.2.2　主要软件测试文档....................118
7.3　软件测试计划....................121
　7.3.1　制订测试计划的目的....................121
　7.3.2　制订测试计划的原则....................122
　7.3.3　制订测试计划时面对的问题....................122
　7.3.4　制订测试计划....................123
　7.3.5　如何做好测试计划....................126
7.4　测试的组织与人员管理....................128
　7.4.1　测试的组织与人员管理概述....................128
　7.4.2　软件测试对组织结构和人员的
　　　　要求....................129
7.5　软件测试过程管理....................132
　7.5.1　测试项目的跟踪与监控....................132
　7.5.2　测试项目的过程管理....................132
7.6　软件测试风险管理....................133
7.7　软件测试成本管理....................135
　7.7.1　软件测试成本管理概述....................135
　7.7.2　软件测试成本管理中的基本概念....................135
　7.7.3　软件测试项目成本管理的基本
　　　　原则和措施....................136
7.8　软件测试配置管理....................138
习题与思考....................139

第8章　软件自动化测试概述....................141
8.1　软件自动化测试的产生....................141
8.2　软件自动化测试的概念....................141
8.3　软件自动化测试的意义....................142
8.4　开展自动化测试的方法....................144
8.5　软件自动化测试的原理和方法....................145
8.6　软件自动化测试工具....................146
　8.6.1　测试工具分类....................146
　8.6.2　目前市场上主流的测试工具....................148
习题与思考....................153

第9章　功能测试工具 QTP....................154

9.1　QTP 简介....................154
9.2　QTP 的安装....................155
　9.2.1　安装要求....................156
　9.2.2　QTP 支持的环境和程序....................156
　9.2.3　安装步骤....................156
　9.2.4　QTP 程序界面....................160
　9.2.5　测试样例....................162
9.3　QTP 基本使用方法....................163
　9.3.1　录制测试脚本....................164
　9.3.2　编辑测试脚本....................167
　9.3.3　调试测试脚本....................178
　9.3.4　分析测试结果....................181
习题与思考....................183

第10章　测试管理工具 TestLink....................184
10.1　TestLink 简介....................184
10.2　安装 TestLink....................185
10.3　初始设置....................188
　10.3.1　创建项目(产品)....................188
　10.3.2　设置用户....................189
10.4　测试需求管理....................191
10.5　创建测试计划....................192
　10.5.1　测试计划管理....................192
　10.5.2　测试计划版本管理....................192
　10.5.3　指派用户角色....................193
10.6　测试用例管理....................193
　10.6.1　新建测试用例集....................193
　10.6.2　创建测试用例....................194
10.7　测试计划用例管理....................195
　10.7.1　添加测试用例到测试计划中....................195
　10.7.2　移除测试用例....................196
　10.7.3　分配测试任务....................196
10.8　执行测试和报告缺陷....................197
　10.8.1　执行测试....................197
　10.8.2　报告缺陷....................197
　10.8.3　测试结果分析....................198
习题与思考....................199

参考文献....................200

第 1 章 软件测试概述

学习目标

(1) 正确理解软件测试的背景和软件 Bug 的概念；

(2) 正确理解软件测试的定义；

(3) 正确理解软件测试不同的测试方法；

(4) 熟悉软件的质量模型；

(5) 了解软件测试职业与素质的要求。

1.1 软件测试技术

1.1.1 行业背景

近年来，计算机技术的不断发展及在各行业得到广泛的应用，给整个社会带来了翻天覆地的变化。各种各样的计算机技术出现在我们身边，坐公交刷卡，买衣服上淘宝，书也可在网上买，这些计算机技术给我们带来的便利与我们的衣食住行息息相关；对于国家国防来说，卫星导航、火箭发射等一系列重要的工作，也都离不开计算机的支撑。计算机是由硬件与软件组成的。硬件，就像我们的基础设置，是由专门的厂商去设计制造的，而软件也是由专业的人员去开发测试的。

随着时代的发展，计算机的应用环境越来越复杂，对硬件、软件的质量和性能的要求也不断提高。就软件行业而言，如何提高软件的质量，一直是软件生产活动中的热门话题。软件测试工作对于寻找软件系统中存在的缺陷、保证软件产品的质量以及降低企业的生产成本、提高经济效益具有不可替代的作用。软件测试的工作实施是一个非常复杂的过程，需要考虑人员、技术、管理、工具等众多因素，这些因素在软件生产活动中起着极其重要的作用。软件测试人员不仅仅要知道"做什么"，还要知道"为什么这么做"，以及"如何做"。随着软件行业的发展，对于优秀的测试员的需求也越来越大，带来了很多的就业机会，在未来相当长的一段时间内，软件测试工程师作为软件生产活动中必不可少的角色，需求量都会非常大。

软件测试工程师的主要职责是对软件产品的整个开发过程进行监督和检验，使之满足客户的需求，因此对于企业来讲是十分重要的岗位。在国外，一般软件测试人员与软件开发人员的岗位设置比例是 1∶1，微软在开发 Windows 2000 时使用的软件开发人员是 1700 名，而专业的测试工程师有 3200 名，测试与开发人员的比例高达 1.9∶1，由此可见软件测试岗位的重要性。

1.1.2　软件测试的由来

1950 年左右，软件伴随着第一台电子计算机的问世而诞生。20 世纪中叶，软件产业从零开始起步，在短短的数十年的时间里迅速发展成为推动人类社会发展的龙头产业，造就了一批百万、亿万富翁。随着信息产业的发展，软件对人类社会的发展越来越重要。

过去，软件仅是由程序员编写的，程序员不仅担负着编写代码的工作，还肩负着程序代码测试、保证代码质量的职责。实际上，程序员此时所做的测试工作并非真正意义上的软件测试，他们所做的工作从本质上来说应该称作"调试"。

通常软件调试是在已知错误的情况下，对软件程序代码做出的一系列检查、校正的过程，而软件测试则是在未知错误的情况下，检查程序代码是否有问题的过程。测试与调试的区别在于，软件测试是从软件质量保证的角度来检查程序代码是否有错误，而调试则是为了解决当前已知的错误，调试活动无法替代测试活动。以前，在大多数的企业、公司里往往把开发人员的调试过程当做测试，而不招聘专职的软件测试工程师，这样的观点是不正确的。

早期的软件只有少量的代码，程序员完全有能力完成开发、调试直至最后发布使用的全过程。然而，随着真正的商用软件的出现，程序的规模经历了一次又一次的爆炸式的增长，程序规模也从最初的几行或几十行类机器语言，到现在的代码行数达到千万数量级，软件的复杂度不断增加，开发的难度也越来越高，随之而来的问题就是如何保证程序的正确性和可用性。此时，软件不再是一个只有程序员自己能够理解的黑盒子，如何在软件程序自身的技术内涵和用户特定领域的需求间找到平衡点，成为学者和实践者们追寻的目标。而区别于调试的软件测试作为度量软件与用户需求间差距的手段也就此登上了历史舞台。

软件测试活动的出现，解放了程序员，使程序员能够专心地开发代码、优化算法，并能及时地修复测试人员所发现的代码缺陷，提高其工作效率。同时，各司其职的分工方式，也更适合于当今社会的发展模式。

1.1.3　软件测试的定义

1. 软件测试常用术语

1）测试

• 测试是一项活动，在这项活动中某个系统或者其组成的部分将在特定的条件下运行，结果将被观察和记录，并对系统或者组成部分进行评价。

• 测试是一个或者多个测试用例的集合。

• 我们说的测试，若无特别说明，一般是指系统测试。

2) 测试环境

测试环境是指为了完成软件测试工作所必需的计算机硬件、软件、网络设备、历史数据的总称。

3) 缺陷

软件的缺陷(即 Bug)指的是软件中(包括程序和文档)不符合用户需求的问题。

4) 测试用例

测试用例是为特定的目的而设计的一组测试输入、执行条件和预期的结果，用于测试某个程序路径或核实是否满足某个特定需求。

测试用例是测试执行的最小实体。

2. 软件测试定义

1972 年，软件测试领域先驱 Bill Hetzel 博士在美国的北卡罗莱纳大学组织了历史上第一次正式的关于软件测试的会议。1973 年他首先给出软件测试的定义："软件测试就是建立一种信心，确信程序能够按预期的设想运行。"1983 年他又将软件测试的定义修改为："评价一个程序和系统的特性或能力，并确定它是否达到预期的结果。软件测试就是以此为目的的任何行为。"定义中的"设想"和"预期结果"其实就是我们现在所说的"用户需求"。Bill Hetzel 把软件的质量定义为"符合要求"。他认为：测试方法是试图验证软件是"工作的"。所谓"工作的"就是指软件的功能是按照预先的设想执行的。

与上述观点相反，Glenford J.Myers 认为应该首先认定软件是有错误的，然后用测试去发现尽可能多的错。除此之外，Myers 还给出了与测试相关的三个重要观点：

(1) 测试是为了证明程序有错，而不是证明程序无错。

(2) 一个好的测试用例是在于它发现了以前未能发现的错误。

(3) 一个成功的测试是发现了以前未发现的错误的测试。

简单地说，软件测试就是为了发现错误而执行程序的过程。软件测试是一个找错的过程，测试只能找出程序中的错误，而不能证明程序无错。

1.1.4　软件测试的分类

软件测试是一项复杂的系统工程，从不同的角度考虑可以有不同的划分方法，对测试进行分类是为了更好地明确测试的过程，了解测试究竟要完成哪些工作，尽量做到全面测试。

1. 按是否关心系统内部结构划分

1) 白盒测试

白盒测试也称结构测试或逻辑驱动测试，是指基于一个应用代码的内部逻辑，即基于覆盖全部代码、分支、路径、条件的测试，测试者知道产品内部工作过程，可通过测试来检测产品内部操作是否按照规格说明书的规定正常进行，按照程序内部的结构测试程序，检验程序中的每条通路是否都能按预定要求正确工作。白盒测试的主要方法有逻辑驱动、基路测试等，主要用于软件验证。图 1.1 是白盒测试的示例图。

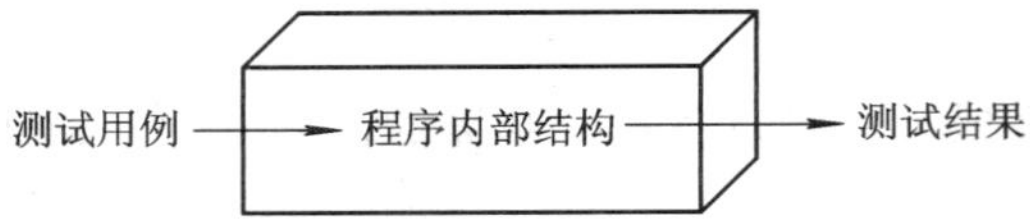

图 1.1　白盒测试示例图

"白盒"法采用穷举路径的方法进行测试。在使用这一方案时，测试者必须检查程序的内部结构，从检查程序的逻辑着手，得出测试数据。贯穿程序的独立路径数有时是天文数字，故测试工作量很大，而且即使每条路径都测试了，软件仍然可能有错误。这是因为：第一，穷举路径测试查不出程序是否违反了设计规范，即程序本身是否是个错误的程序；第二，穷举路径测试不可能查出程序中因遗漏路径而出错；第三，穷举路径测试可能发现不了一些与数据相关的错误。

白盒测试可以借助一些工具来完成，如 Junit Framework、Jtest 等。

2) 黑盒测试

黑盒测试是指不依据程序内部设计和代码的任何知识，而仅基于需求和功能性所进行的测试。黑盒测试也称功能测试或数据驱动测试，它是在已知产品所应具有的功能的前提下，通过测试来检测每个功能是否都能正常使用。在测试时，把程序看作一个不能打开的黑盒子，在完全不考虑程序内部结构和内部特性的情况下，测试者在程序接口进行测试，且只检查程序功能是否可按照需求规格说明书的规定正常使用，程序是否能适当地接收输入数据而产生正确的输出信息，并且保持外部信息(如数据库或文件)的完整性。黑盒测试方法主要有等价类划分、边值分析、因果图、错误推测等。图 1.2 是黑盒测试的示例图。

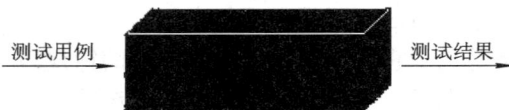

图 1.2　黑盒测试示例图

"黑盒"法着眼于程序外部结构，不考虑内部逻辑结构，针对软件界面和软件功能进行测试。"黑盒"法是穷举输入测试，只有把所有可能的输入都加以测试，才能以这种方法查出程序中所有的错误。实际上其测试情况可能有无穷多个，不仅要测试所有合法的输入，而且还要对那些不合法但是可能的输入进行测试。

黑盒测试也可以借助一些工具，如 WinRunner、QuickTestPro、Rational Robot 等。

2．按是否需要执行被测软件的角度划分

按是否需要执行被测软件的角度，软件测试可分为静态测试和动态测试。静态测试不运行待测程序而应用其他手段实现测试目的，如代码审核；而动态测试通过运行被测试软件来达到目的。

3．按阶段划分

1) 单元测试

单元测试是对软件中的基本组成单位进行的测试，如一个模块、一个过程等。单元测试是软件动态测试的最基本的部分，也是最重要的部分之一，其目的是检验软件基本组成单位的正确性。因为单元测试需要知道内部程序设计和编码的细节知识，一般应由程序员而非测试员来完成，往往需要开发测试驱动模块和桩模块来辅助完成单元测试。因此应用系统有一个设计很好的体系结构就显得尤为重要。

一个软件单元的正确性是相对于该单元的规约而言的。因此，单元测试以被测试单位的规约为基准。单元测试的主要方法有控制流测试、数据流测试、排错测试、分域测试等。

2) 集成测试

集成测试是在软件系统集成过程中所进行的测试，其主要目的是检查软件单元之间的接口是否正确。通常是根据集成测试计划，一边将模块或其他软件单元组合成越来越大的系统，一边运行该系统，以分析测试所组成的系统是否正确，各组成部分是否合拍。集成测试的策略主要有自顶向下和自底向上两种。

3) 系统测试

系统测试是对已经集成好的软件系统进行彻底的测试，以验证软件系统的正确性和性能等是否满足其规约所指定的要求。检查软件的行为和输出是否正确并非一项简单的任务，因此系统测试应该按照测试计划进行，其输入、输出和其他动态运行行为应该与软件规约进行对比。软件系统测试方法很多，主要有功能测试、性能测试、随机测试等。

4) 验收测试

验收测试旨在向软件的购买者展示该软件系统满足预期设计目标的需求。它的测试数据通常是系统测试的测试数据的子集。所不同的是，验收测试常常有软件系统的购买者代表在现场，甚至是在软件安装使用的现场。验收测试是软件在投入使用之前的最后测试。

1.1.5 软件测试技术的发展

当前，软件测试技术主要包括以下几个方面的内容，这几方面都在不断快速、规范地发展。

1. 软件验证技术

软件验证的目的用于证明软件生命周期的各个阶段以及各阶段间的逻辑协调性和正确性。目前，软件验证技术还只是适用于特殊用途的小型程序。

2. 软件静态测试

目前，软件测试正在逐渐地由对程序代码的静态测试向高层开发产品的静态测试方向发展，如静态分析工具的产生。静态分析工具可以在不执行程序的情况下，进行类型分析、接口分析、输入输出规格说明分析等。

3. 测试数据的选择

在测试数据选择方面，主要是对测试用例进行选择，这对测试的成功与否有着重要的影响。

4. 自动化测试技术

自动化测试是软件测试技术的最新发展方向，其主要的目标是研究如何实现软件测试的自动化过程以及相关的一系列内容，具体表现是集成化测试系统。它将多种测试工具融为一体，合成为功能强大的测试工具。

1.2 软件中的 Bug

Bug 这个名词用于表示电脑系统或程序中隐藏的错误、缺陷或问题。

1.2.1 软件 Bug 的定义

软件 Bug 实际是软件产品没有达到预期设计目标，在软件内部存在的一种缺陷。通常情况下 Bug 不影响用户和系统的正常运行，处于隐蔽状态。当 Bug 发生运行错误时，轻者影响用户使用，重者会构成事故，造成损失或伤害。

1.2.2 软件 Bug 的类型

软件 Bug 的类型可分为以下几种：
(1) 产品说明书中规定要做的事情，而软件没有实现。
(2) 产品说明书中规定不要做的事情，而软件却实现了。
(3) 产品说明书没有提到的事情，而软件却实现了。
(4) 产品说明书中没有提到但是必须要做的事情，软件却没有实现。
(5) 软件很难理解，很难去使用，速度超慢，测试人员站在最终用户的角度看到的问题是平常的但不是正确的。例如：产品说明书要求计算器实现加、减、乘、除功能，但是按键使用的文字或标识不清楚，如"加"按键用"和"表示，或者计算 1+1 需要 1 分钟或更长时间，这就是一个 Bug。

1.2.3 软件 Bug 的级别

软件 Bug 的级别由高到低依次为：
(1) 致命：数据被破坏、数据丢失、系统崩溃、系统无法运行。
(2) 严重：处理结果不正确、流程不对、性能不能满足要求。
(3) 一般：不会影响整个系统的运行性能。
(4) 微小：一些小问题如有个别的错误字、文字排版不整齐等。
(5) 建议：功能正常，有改进的空间。

1.2.4 软件 Bug 的产生

软件 Bug 的产生原因如图 1.3 所示。

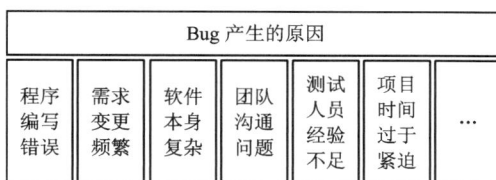

图 1.3　软件 Bug 产生原因示意图

1.2.5　软件 Bug 的构成

软件 Bug 的构成示意图如图 1.4 所示，具体构成见表 1-1。

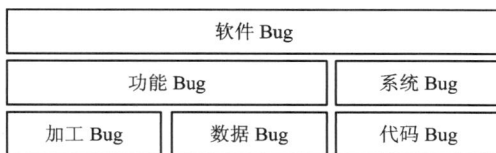

图 1.4　软件 Bug 构成示意图

表 1-1　Bug 具体构成

Bug 类型	具体 Bug	备　　注
功能 Bug	需求规格说明 Bug	
	功能 Bug	
	测试 Bug	
	测试标准引起的 Bug	
系统 Bug	外部接口 Bug	终端、打印机等设备接入
	内部接口 Bug	
	硬件结构 Bug	
	软件结构 Bug	
	控制与顺序 Bug	
	资源管理 Bug	
加工 Bug	算术与操作 Bug	
	初始化 Bug	
	控制与次序 Bug	
	静态逻辑 Bug	
数据 Bug	动态数据 Bug	
	静态数据 Bug	
	数据内容、结构、属性 Bug	
代码 Bug	程序编写 Bug	
	界面 Bug	

1.2.6　修复 Bug 的代价

在软件开发周期的不同阶段，修复一个 Bug 所需的成本差别非常之大。越是到了后期，修复 Bug 越困难，成本也就越高。从图 1.5 中可以看出，在测试阶段修复 Bug 的代价是设计开发阶段的几倍，而一旦产品上线，进入维护期后，所需的代价更是设计开发阶段的几十倍。

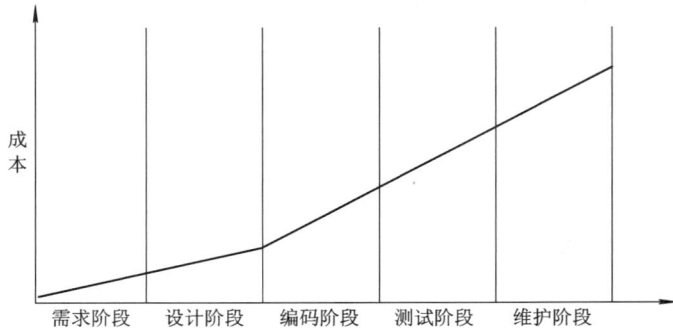

图 1.5　Bug 修复成本示意图

1.2.7　Bug 的影响

下面是历史上发生的几次 Bug 大事件：

(1) 1962 年 7 月 28 日 Mariner I 空间探测器事件：Mariner I 航空软件的 Bug 导致火箭在发射时偏离了其预期轨道，最终导致在大西洋上空将整个火箭摧毁。在对这起事故进行调查中发现，使用铅笔撰写的一个公式被错误地录入到计算机代码中，直接导致计算机错误地计算了火箭的运行轨道。

(2) 1995/1996 年，致命的 ping 命令：由于缺乏对 IP 段组装代码的完整性检查和错误的执行使得有可能通过从互联网的任意位置发送恶意的"ping"数据报而攻击多个操作系统，受明显影响的大部分是运行 Windows 的计算机，当它们接收到数据报后，就会死锁并进入所谓的"蓝屏死机"。这类攻击也会影响很多使用 Macintosh 和 Unix 操作系统的计算机。

(3) 1993 年 Intel 奔腾浮点指数除法事件：一个硅片上的错误导致 Intel 高性能奔腾芯片在一段范围内计算浮点指数除法时发生错误。例如 4195835.0/3145727.0 产生的是 1.33374 而不是 1.33382，产生了 0.00008 的偏差。尽管该 Bug 仅仅影响了少数用户，然而它却成了整个公众的噩梦。估计流通中的 300 万到 500 万的芯片存在着这样的缺陷。起初 Intel 仅仅为那些能够证明他们确实有高精度计算需求的用户提供了取代奔腾的芯片，最后 Intel 公司妥协为任何投诉的人提供替代芯片。该 Bug 给 Intel 最终造成了 4.75 亿美元损失。

1.3　软件测试的职业素质与要求

1.3.1　软件测试职业发展

软件测试职业规划表如表 1-2 所示。

表 1-2　软件测试职业规划表

职业发展	职 业 描 述
初级软件测试工程师	具有计算机软件测试相关的知识技能，具有一定的手工测试经验，熟悉软件生存周期和测试技术
软件测试工程师	具有 1～2 年经验的测试工程师；编写自动测试脚本程序并担任测试初期的领导工作；进一步拓展编程语言、操作系统、网络与数据库方面的技能
高级软件测试工程师	具有 3～4 年经验的测试工程师或程序员；帮助开发或维护测试或编程标准与过程，负责同级的评审，并为其他初级的测试工程师或程序员充当顾问；继续拓展编程语言、操作系统、网络与数据库方面的技能
软件测试组负责人	具有 4～6 年经验的测试工程师或程序员；负责管理 1～3 名测试工程师或程序员；担负一些进度安排和工作规模/成本估算职责；更集中于技能方面
软件测试/项目经理	具有 10 多年的工作经验；管理 8 名或更多的人员参加的 1 个或多个项目；负责这一领域(测试/质量保证/开发)内的整个开发生存周期业务；为一些用户提供交互和大量演示；负责项目成本、进度安排、计划和人员分工

1.3.2　软件测试人员工作目标与必备素质

1. 软件测试人员工作目标

软件测试人员的目标是尽自己的努力，尽早以及尽多地找出产品中存在的 Bug。

软件测试人员是客户的眼睛，应该站在客户应用的角度，代表客户说话，力求使软件趋于完善。

软件测试具体工作：

(1) 测试和发现软件中存在的软件缺陷。软件测试人员要使用各种测试技术和方法来测试及发现软件中存在的软件缺陷。测试技术主要分为黑盒测试和白盒测试两大类。其中黑盒测试技术主要有等价类划分法、边界值法、因果图法、状态图法、测试大纲法以及各类典型的软件故障模型等；白盒测试的主要技术有语句覆盖、分支覆盖、判定覆盖、基本路径覆盖等。

(2) 测试工作需要贯穿整个软件开发生命周期。完整的软件测试工作包括单元测试、集成测试、确认测试和系统测试。单元测试工作主要在编码阶段完成，由开发人员和软件测试工程师共同完成，其主要依据是详细设计描述。集成测试的主要工作是测试软件模块之间的接口是否正确，基本依据是软件体系结构设计。确认测试和系统测试是在软件开发完成后，验证软件的功能与需求的一致性及软件在相应的硬件条件下的系统功能是否满足用户需求，其主要依据是用户需求。

(3) 缺陷报告编写及提交。测试人员将发现的缺陷编写成正式的缺陷报告，提交给开发人员进行缺陷的确认和修复。缺陷报告编写最主要的要求是保证缺陷的重现，因此要求测试人员具有很好的文字表达能力和语言组织能力。

(4) 软件质量分析。测试人员需要分析软件质量。在测试完成后，测试人员需要根据测试结果来分析软件质量，包括缺陷率、缺陷分布、缺陷修复趋势等；给出软件各种质量特性，包括功能性、可靠性、易用性、安全性、时间与资源特性等的具体度量；最后给出一个软件是否可以发布或提交用户使用的结论。

(5) 测试计划制订。测试过程中，为了更好地组织与实施测试工作，测试负责人需要制订测试计划，包括测试资源、测试进度、测试策略、测试方法、测试工具、测试风险等。

(6) 测试用例报告形成。测试人员为了更好更有效地进行测试，保证测试工作质量，需要在执行测试工作之前设计测试用例，形成测试用例报告。设计测试用例是保证测试质量的核心工作。

(7) 自动化测试工具引进。为了提高工作效率或提高测试水平，测试工作需要引进自动化测试工具，测试人员需要学会使用自动化测试工具，编写测试脚本，进行性能测试等。

(8) 测试水平提高。测试负责人在测试工作中，还需要根据实际情况不断改进测试过程，提高测试水平，进行测试队伍的建设等。

2. 软件测试人员必备素质

尽管测试人员不必成为一个完美的软件开发人员，但具有软件开发知识无疑对出色完成测试任务具有很大的帮助。软件测试人员应具有良好的软件编程基础，了解和熟悉软件的编程过程，尽可能多地了解专业领域软件的背景知识。目前的软件行业已将软件测试列为专业的技术工作，测试人员通常要具备以下一些素质及技能。

1) 计算机专业技能

计算机领域的专业技能是测试工程师应该必备的一项素质，这是做好测试工作的前提条件。尽管没有任何 IT 背景的人也可以从事测试工作，但是一名要想获得更大发展空间或持久竞争力的测试工程师，计算机专业技能是必不可少的。计算机专业技能主要包含 3 个方面：

(1) 测试专业技能。现在，软件测试已经成为一个很有潜力的专业。要想成为一名优秀的测试工程师，首先应该具有扎实的专业基础。测试工程师应该努力学习测试专业知识，告别简单的"点击"式的测试工作，让测试工作以自己的专业知识为依托。

测试专业知识很多，本书内容主要以测试人员应该掌握的基础专业技能为主。测试专业技能涉及的范围很广，既包括黑盒测试、白盒测试、测试用例设计等基础测试技术，也包括单元测试、功能测试、集成测试、系统测试、性能测试等测试方法，还包括基础的测试流程管理、缺陷管理、自动化测试技术等知识。

(2) 软件编程技能。"测试人员是否需要学会编程？"这是测试人员经常提出的问题之一。实际上，由于在我国开发人员的待遇普遍高于测试人员，因此能写代码的人几乎都去做开发了。很多人是因为做不了开发或者不能从事其他工作才"被迫"从事测试工作。最终的结果则是很多测试人员只能从事相对简单的功能测试，能力相对强一点的则可以借助测试工具进行简单的自动化测试(主要进行脚本录制与修改、回放测试脚本等)。

软件编程技能应该是测试人员的必备技能之一。在微软，很多测试人员都拥有多年的开发经验。因此，测试人员要想得到较好的职业发展，必须能够编写程序。只有能够进行测试开发，才可以胜任诸如单元测试、集成测试、性能测试等难度较大的测试工作。

此外，对于软件测试人员的编程技能的要求也有别于开发人员：测试人员编写的程序应着眼于运行正确，同时兼顾高效率，尤其要体现在与性能测试相关的测试代码编写上。因此测试人员要具备一定的算法设计能力。依据作者的经验，测试工程师至少应该掌握Java、C#、C++之中的一门语言以及相应的开发工具。

(3) 网络、操作系统、数据库、中间件等知识。与开发人员相比，测试人员掌握的知识要求更广泛，"艺多不压身"是个非常形象的比喻。由于测试中经常需要配置、调试各种测试环境，而且在性能测试中还要对各种系统平台进行分析与调优，因此测试人员需要掌握更多网络、操作系统、数据库等方面的知识。

在网络方面，测试人员应该掌握基本的网络协议以及网络工作原理。尤其要掌握一些网络环境的配置知识，这些都是测试工作中经常用到的知识。

操作系统和中间件方面，应该掌握基本的使用及安装、配置等技能。例如，很多应用系统都是基于 Unix、Linux 来运行的，这就要求测试人员掌握其基本的操作命令以及相关工具软件的使用。而 WebLogic、Websphere 等中间件的安装与配置方法也需要掌握一些。

数据库知识则是更应该掌握的基础知识。现在的应用系统几乎离不开数据库。因此，测试人员不但要掌握基本的安装、配置，还要掌握 SQL。测试人员至少应该掌握 MySQL、MS SQL Server、Oracle 等常见数据库的使用。

作为一名测试人员，尽管不能精通所有的知识，但要想做好测试工作，应该尽可能地学习更多的与测试工作相关的专业知识。

2) 行业知识

所谓行业，主要是指测试人员所在企业涉及的领域。例如，很多 IT 企业从事石油、电信、银行、电子政务、电子商务等行业领域的产品开发。行业知识即专业业务知识，是测试人员做好测试工作的又一个前提条件。只有深入了解了产品的业务流程，才可以判断开发人员实现的功能是否正确。

很多时候，软件运行起来没有异常，但是功能不一定正确。只有掌握了相关的行业知识，才可以判断用户的业务需求是否得到了实现。

行业知识与工作经验有一定关系，只有通过一定时间的积累才能达到较高的水平。

3) 个人素养

作为一名优秀的测试工程师，首先要对测试工作有兴趣，因为测试工作多数比较枯燥。因此，先要热爱测试工作，才能做好测试工作。在个人素养方面，除了具有前面介绍的专业技能和行业知识外，测试人员还应该具有一些基本的品质，即下面的"五心"。

(1) 专心：主要指测试人员在执行测试任务的时候不可一心二用。经验表明，高度集中精神不但能够提高效率，还能发现更多的软件缺陷。

(2) 细心：主要指进行测试工作时要认真，不可以忽略细节。如果不细心，很难发现某些缺陷，例如一些界面的样式、文字等。

(3) 耐心：很多测试工作有时候显得非常枯燥，需要很大的耐心才可以做好。如果做事情浮躁没有耐心，就不会做到"专心"和"细心"，就会让很多软件缺陷从眼前逃过。

(4) 责任心：责任心是做好工作必备的素质之一，测试工程师更应该高度负责。如果测试中没有尽到责任，敷衍了事，甚至把测试工作交给用户去完成，这样很可能导致非常严重的后果。

(5) 自信心：自信心是目前多数测试工程师都缺少的一项素质，尤其在面对测试开发等工作时，往往认为自己做不到。要想获得更好的职业发展，测试工程师们应该努力学习，建立"能解决一切测试问题"的信心。性能测试人员的要求通常要高于普通测试人员，因此更应该努力去学习相关知识，把测试工作做得更好。

1.4 软件质量管理与评估

软件质量是贯穿软件生命周期的一个极为重要的问题，是软件开发过程中所使用的各种开发技术和验证方法的最终体现。因此，在软件生命周期中要特别重视软件质量的管理，以生成高质量的软件产品。

1.4.1 软件质量的定义

1979 年，Fisher 和 Light 将软件质量定义为：表征计算机系统卓越程度的所有属性的集合。

1982 年，Fisher 和 Baker 将软件质量定义为：软件产品满足明确需求一组属性的集合。

20 世纪 90 年代，Norman、Robin 等将软件质量定义为：表征软件产品满足明确的和隐含的需求的能力的特性或特征的集合。

1994 年，国际标准化组织公布的国际标准 ISO 8042 将软件质量定义为：反映实体满足明确的和隐含的需求的能力的特性的总和。

综上所述，软件质量是产品、组织和体系或过程的一组固有特性，反映它们满足顾客和其他相关方面要求的程度。如 CMU SEI 的 Watts Humphrey 指出："软件产品必须提供用户所需的功能，如果做不到这一点，什么产品都没有意义。其次，这个产品能够正常工作。如果产品中有很多缺陷，不能正常工作，那么不管这种产品性能如何，用户也不会使用它。"而 Peter Denning 强调："越是关注客户的满意度，软件就越有可能达到质量要求。程序的正确性固然重要，但不足以体现软件的价值。"

GB/T 11457—2006《软件工程术语》中定义软件质量为：

(1) 软件产品中能满足给定需要的性质和特性的总体。

(2) 软件具有所期望的各种属性的组合程度。

(3) 顾客和用户觉得软件满足其综合期望的程度。

(4) 确定软件在使用中将满足顾客预期要求的程度。

1.4.2 软件质量的属性

软件质量属性划分为开发期质量属性和运行期质量属性两大类，如图 1.6 所示。开发期质量属性其实包含了与软件开发、维护和移植这三类活动相关的所有质量属性，这些是开发人员、开发管理人员和维护人员都非常关心的，对最终用户而言，这些质量属性只是间接地促进用户需求的满足；而运行期质量属性是软件系统在运行期间，最终用户可以直接感受到的一类属性，这些质量属性直接影响着用户对软件产品的满意度。

性能：软件系统及时提供相应服务的能力

安全性：软件运行不引起系统事故的能力

易用性：软件系统易于使用的程度

持续可用性：系统长时间无故障运行的能力

运行期质量属性

可伸缩性：当用户和数量增加时软件系统维护高服务质量的能力

互操作性：指本软件系统和其他系统交换数据和相互调用服务的难易程度

可靠性：软件系统在一定的时间内无故障运行的能力

鲁棒性：也称健壮性、容错性，指软件系统在异常和危险情况下仍能够正常运行的能力

软件质量属性

易理解性：指软件设计被开发人员理解的难易程度

可扩展性：为适应新需求或需求的变化为软件增加功能的能力

可重用性：重用软件系统或其一部分的能力的难易程度

可测试性：指软件发现故障并隔离、定位其故障的能力特性，以及在一定的时间和成本前提下，进行测试设计、测试执行的能力

开发期质量属性

可维护性：衡量一个软件的可修复(恢复)性和可改进性的难易程度

可移植性：一种计算机上的软件转置到其他计算机上的能力

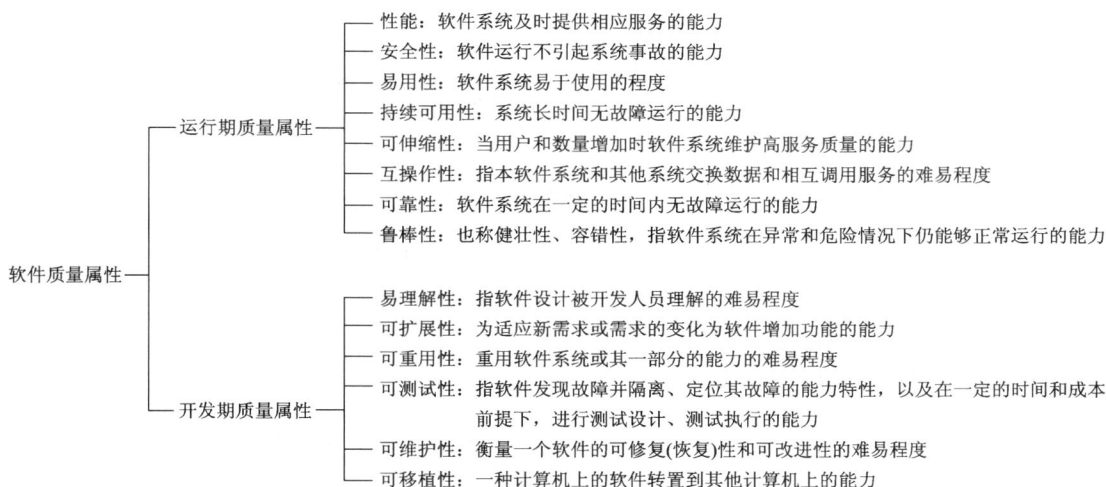

图 1.6　软件质量结构示意图

1.4.3　软件质量的模型

1. Boehm 质量模型

Boehm 质量模型是 1976 年由 Boehm 等提出的分层方案，将软件的质量特性定义成分层模型，如图 1.7 所示。

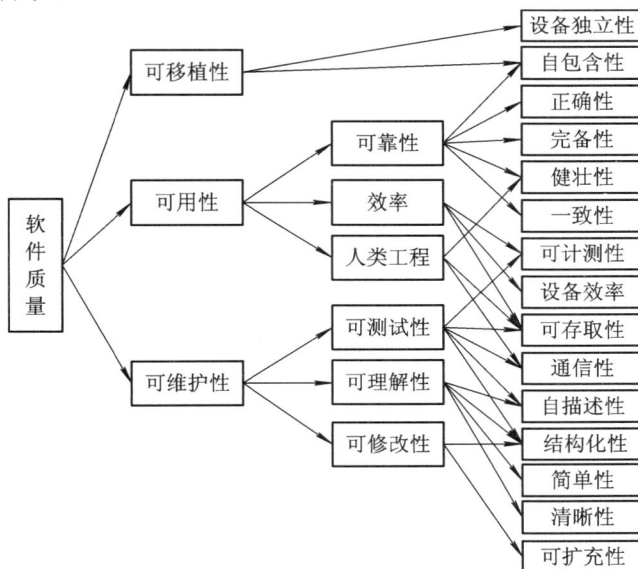

图 1.7　Boehm 质量模型

2. McCall 质量模型

McCall 质量模型是 1979 年由 McCall 等人提出的软件质量模型。它将软件质量的概念建立在 11 个质量特性之上，而这些质量特性分别是面向软件产品的运行、修正和转移的，

如图 1.8 所示。

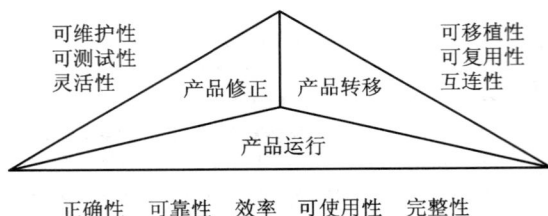

图 1.8 McCall 质量模型

1.4.4 软件质量的度量

软件质量的度量主要针对作为软件开发成果的软件产品的质量而言，独立于其过程。软件的质量由一系列质量要素组成，每一个质量要素又由一些衡量标准组成，每个衡量标准又由一些度量标准加以定量刻画。质量度量贯穿于软件工程的全过程以及软件交付后，在软件交付之前的度量主要包括程序复杂性、模块的有效性和总的程序规模；在软件交付之后的度量则主要包括残存的缺陷数和系统的可维护性。

习题与思考

1. 理解测试的意义。
2. 了解软件测试涉及的关键问题。
3. 为什么说软件 Bug 的最大来源是软件需求说明？
4. Bug 对一个软件产品的影响有多大？
5. 软件质量体现在哪些方面？

第 2 章　软件测试基础

学习目标

(1) 了解软件开发模型；
(2) 了解软件测试的原则和目的；
(3) 正确理解软件生命周期与软件测试过程；
(4) 熟悉软件测试中白盒测试与黑盒测试的测试内容和测试手段；
(5) 了解软件测试中动态测试和静态测试过程。

2.1　软件开发模型

软件开发模型是软件开发过程、活动和任务的结构框架，它能够清晰、直观地表达软件开发的全部过程，明确规定要完成的主要活动和任务，是软件项目开发的基础。与任何事物一样，软件也有一个从孕育、诞生、成长到衰亡的生存过程，通常称为软件生存周期，其中包括计划、需求分析、软件设计、编码、测试及运行和维护 6 个阶段。以下给出各阶段的主要任务。

1．计划(第一阶段)

在计划阶段应确定软件开发的总目标，设想软件的功能、性能、可靠性以及接口等方面的要求，研究完成该项软件任务的可行性，探讨解决问题的方案，对可供开发使用的资源(如计算机软硬件、人力等)、成本、可取得的效益和开发的进度作出估计，制订完成开发任务的实施计划。

2．需求分析(第二阶段)

在需求分析阶段应对开发的软件进行详细的定义，由软件开发人员和用户共同讨论决定哪些需求是可以满足的并且给出确切的描述，写出软件需求说明(或称软件规格说明)以及初步的用户手册，提交管理机构审查。

3．软件设计(第三阶段)

设计是软件工程的技术核心，在设计阶段首先应把已确定的各项需求转换成相应的体系结构，在结构中每一组成部分都是功能明确的模块，每个模块体现相应的需求，这一步称为概要设计；在概要设计的基础上进行详细设计，即对每个模块要完成的工作进行具体的描述，包括确定使用的数据结构等，为程序编写打下基础。上述两步设计工作均应写出设计说明，以供后继工作使用并提交审查。

4．编码(第四阶段)

编码是把软件设计转换成计算机可以接受的程序，即编写出以某种程序设计语言表示的源程序。当然，编写出的程序应该是结构良好、清晰易读并且与设计相一致的。

5．测试(第五阶段)

测试是检验开发的软件是否符合规格说明的要求，它是保证软件质量的重要手段。通常测试工作分为以下 4 步：

(1) 单元测试：检验各单元模块能否正常工作。

(2) 集成测试：将已测试的单元模块组装起来进行测试，检验与软件设计相关的程序结构问题。

(3) 确认测试：对照软件规格说明，检验开发的软件能否满足所有功能和性能的要求，以决定开发的软件是否合格，能否提交用户使用等。

(4) 系统测试：检验开发的软件能否与系统的其他部分(如硬件、数据库、操作人员等)协调工作。

6．运行和维护(第六阶段)

已交付的软件投入正式使用以后便进入了运行阶段，这个阶段可能持续若干年，甚至几十年。在运行过程中可能会有多种原因需要对软件进行修改，比如，运行中发现了软件故障，为适应变化了的软件工作环境，为进一步增强软件的功能以及提高它的性能等。

以上 6 个阶段表明了软件从开发直至使用相当长一段时间以后，被新的软件所代替而退役的整个过程。按此顺序逐步转变的过程可用一个软件生存期的瀑布模型加以形象地描述，如图 2.1 所示。图中从上到下如同瀑布流水逐级下落，在最后的运行中可能需要多次维护。此外，在实际的项目开发中，为了确保软件的质量，每一步完成以后都要进行复查，及时发现问题并解决问题，以免积压到最后造成较大的修复困难。其中，每一步骤的复查及修改工作用向上的箭头表示。

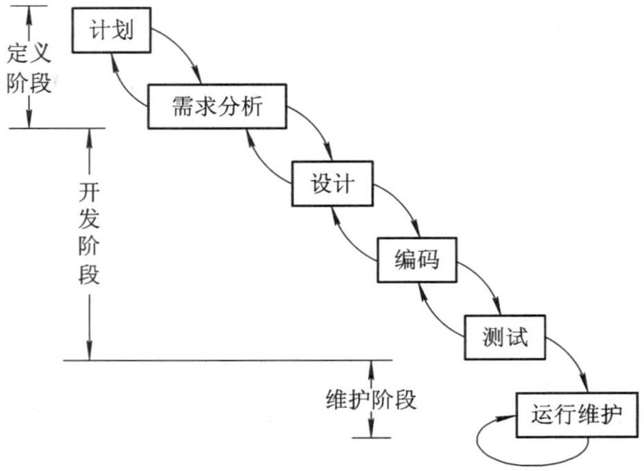

图 2.1 软件开发的瀑布模型

　　许多采用瀑布模型的开发组织为有效地实施软件开发，制定了许多软件开发规范或开发标准，明确规定了各个开发阶段应交付的产品及文档，为严格控制软件开发项目的进度，按时交付产品以及保证软件产品的质量创造了有利条件。

　　瀑布模型多年来广泛流行，它在支持结构化软件开发，控制软件开发的复杂性，促进软件开发工程化等方面起到了显著作用。但是，瀑布模型在大量软件开发实践中也逐渐暴露出了许多缺点，其中最为突出的是该模型缺乏灵活性，无法通过开发活动澄清本来不够确切的软件需求，可能导致开发出的软件并不是用户真正需要的软件，只能进行返工或不得不在维护中纠正需求的偏差，而为此必须付出高额的代价，给软件开发带来了不必要的损失。

　　另一种常用的软件开发模型是 1988 年由 TRW 公司提出的螺旋模型，如图 2.2 所示，该模型加入了风险分析。

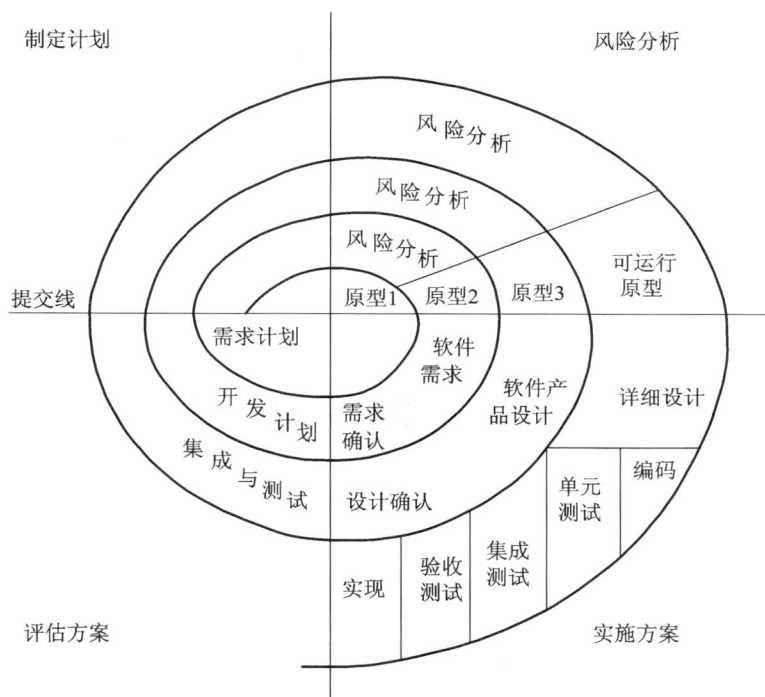

图 2.2　软件开发的螺旋模型

　　在制订软件开发计划时，系统分析员必须回答项目的需求是什么，需要投入多少人力、物力等资源以及如何安排开发进度等一系列问题。然而，若要他们准确无误地回答这些问题是非常困难的，甚至几乎是不可能的，但这又是一个不可回避的问题。风险是任何软件开发项目中普遍存在的问题。不同项目的风险有大有小，实践表明，项目规模越大，问题越复杂，资源、成本、进度等因素的不确定性就越大，承担项目所冒的风险也就越大。风险是软件开发过程中不可忽视的潜在不利因素，它可能在不同程度上损害到软件开发过程以及软件产品的质量。风险分析的目标就是在造成危害之前，及时对风险进行分析，采取相应的对策，消除或减少风险造成的损害。

由图 2.2 可以看出，每一螺旋包括 4 个方面的活动，即：

(1) 制订计划：确定软件项目开发的目标，选定实施方案，弄清项目开发的限制条件。

(2) 风险分析：分析所选的实施方案，指出如何识别并降低风险。

(3) 实施方案：实施软件开发方案。

(4) 评估方案：评价开发工作，提出修正建议。

每旋转一圈便开发出一个更为完善的软件新版本。例如，在第一圈，确定了初步的目标、方案和限制条件以后，对风险进行识别和分析。如果风险分析表明需求具有不确定性，那么应对需求作进一步的修正。

对工程实施做出评价后，给出修正建议，在此基础上再次制订软件开发计划并进行风险分析。在每一圈螺旋线上，风险分析做出是否继续下去的判断。假如风险太大，开发者和用户无法承受，项目有可能被终止。在多数情况下活动会沿螺线继续下去，由内向外逐步延伸，最终得到所期望的系统。

螺旋模型适合于大型软件的开发，该模型的使用需要具有相当丰富的风险评估经验和专门知识。如果项目风险较大，又未能及时发现，势必造成重大损失。软件测试人员比较喜欢螺旋模式，通过参与最初的设计阶段，项目的来龙去脉比较清楚，可以尽早地了解项目甚至影响项目。测试一直在进行，直到最后宣布成功，不至于在项目末期匆匆忙忙地在短时间内完成测试。

螺旋模型出现较晚，远不如瀑布模型普及，要让开发人员和用户广泛接受，还有待于更多的实践。

2.2 软件测试的目的和原则

2.2.1 软件测试的目的

基于不同的立场，软件测试存在着两种完全不同的目的。从用户的角度出发，普遍希望通过软件测试暴露软件中隐藏的错误和缺陷，以考虑是否接受该产品。而从软件开发者角度出发，则希望测试成为表明软件产品不存在错误的过程，验证该软件已正确地实现了用户需求，确立人们对软件质量的信心。

鉴于此，Grenford J.Myers 就软件测试的目的提出以下观点：

(1) 测试是程序的执行过程，目的在于发现错误；

(2) 一个好的测试用例在于能发现至今未发现的错误；

(3) 一个成功的测试是发现了至今未发现的错误的测试。

测试的目的是想以最少的时间和人力找出软件中潜在的各种错误和缺陷。如果成功地实施了测试，就能够发现软件中的错误。测试的附带收获是，它能够证明软件的功能和性能与需求说明相符。此外，实施测试收集到的测试结果数据为可靠性分析提供了依据。

2.2.2 软件测试的原则

软件测试应遵循以下原则：

(1) 软件开发人员应当避免测试自己开发的程序。不管是程序员还是开发小组都应当避免测试自己的程序或者本组开发的功能模块。若条件允许，应当由独立于开发组和客户的第三方测试组或测试机构来进行软件测试。但这并不是说程序员不能测试自己的程序，而是鼓励程序员进行调试，因为测试由别人来进行可能会更加有效、客观，并且容易成功，而允许程序员自己调试也会更加有效和有针对性。

(2) 应尽早地和不断地进行软件测试。软件测试应贯穿到整个软件开发的过程中，而不应该把软件测试看做其过程中的一个独立阶段。因为在软件开发的每一环节都有可能产生意想不到的问题，其影响因素很多，比如软件本身的抽象性和复杂性、软件所涉及问题的复杂性、软件开发各个阶段工作的多样性，以及各层次工作人员的配合关系等。所以要坚持软件开发各阶段的技术评审，把错误克服在早期，从而减少成本，提高软件质量。

(3) 对测试用例要有正确的态度：第一，测试用例应当由测试输入数据和预期输出结果两部分组成；第二，在设计测试用例时，不仅要考虑合理的输入条件，更要注意不合理的输入条件。

(4) 充分注意软件测试中的群集现象，不要以为发现几个错误并且解决这些问题之后，就不需要测试了。反而这里往往是错误群集的地方，对这段程序要重点测试，以提高测试投资的效益。

(5) 严格执行测试计划，排除测试的随意性，以避免发生疏漏或者重复无效的工作。

(6) 应当对每一个测试结果进行全面检查。一定要全面地、仔细地检查测试结果，但这一步常常被人们忽略，导致许多错误被遗漏。

(7) 妥善保存测试用例、测试计划、测试报告和最终分析报告，以备回归测试及维护之用。在遵守以上原则的基础上进行软件测试，可以以最少的时间和人力找出软件中的各种缺陷，从而达到保证软件质量的目的。

(8) 这是最重要的一个原则，即所有测试的标准都是建立在用户需求之上。

2.3 软件测试的模型

1．V 模型

V 模型中从左到右描述了基本的开发过程和测试行为。V 模型的价值在于它非常明确地标明了测试过程存在的不同级别，并且清楚地描述了这些测试阶段和开发过程期间各阶段的对应关系。

由图 2.3 可以直观地观察到测试过程的局限性，测试过程被放在了需求分析、概要设计、详细设计与编码之后，容易使人理解成测试是软件开发的最后一个阶段，主要针对程序进行测试，寻找错误。而需求分析阶段隐藏的问题只能在最后才能被发现。所以，这个模型不能很好地反映软件测试贯穿整个开发过程的思想。

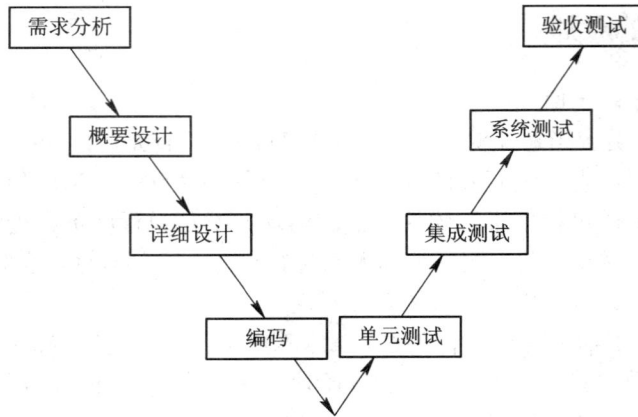

图 2.3　软件测试中 V 模型

2．W 模型

根据图 2.4 很容易看出，W 模型比 V 模型更科学，它伴随着整个开发过程，而且测试对象不仅仅是程序，同时也测试需求与设计。

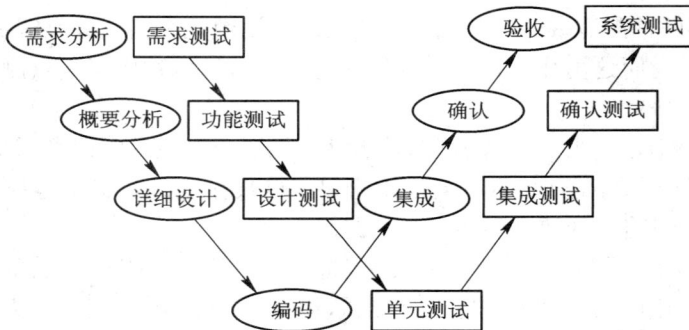

图 2.4　软件测试中 W 模型

3．H 模型

测试条件只要成熟，测试准备活动完成了，就可以执行测试活动。测试模型是一个独立的过程，贯穿于整个产品周期，与其他流程并发进行，如图 2.5 所示。当某个测试时间点就绪时，软件测试即从测试准备阶段进入测试执行阶段。

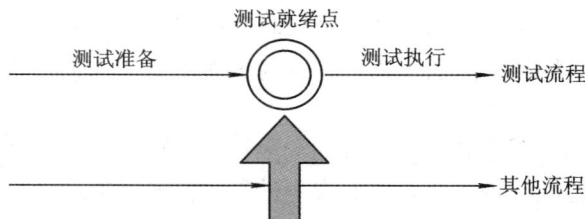

图 2.5　软件测试中 H 模型

2.4　软件测试过程

如同任何产品离不开质量检验一样，软件测试是在软件投入运行前，对软件需求分析、设计规格说明和编码实现的最终审定，在软件生存期中占据着非常突出的位置。

显然，表现在程序中的故障，并不一定是由编码所引起的，很可能是详细设计、概要设计阶段，甚至是需求分析阶段的问题引起的，即使针对源程序进行测试，所发现故障的根源也可能存在于开发前期的各个阶段。解决问题、排除故障也必须追溯到前期的工作。

软件工程界普遍认为：在软件生存期的每一阶段都应进行评测，以检验本阶段的工作是否达到了预期的目标，尽早地发现并消除故障，以免因故障延时扩散而导致后期测试的困难。由此可知，软件测试并不等于程序测试，软件测试应贯穿于软件定义与开发的整个期间。

软件开发是一个自顶向下逐步细化的过程。软件测试则是以相反顺序自底向上逐步集成的过程。低一级的测试为上一级的测试准备条件。图 2.6 表示了软件测试的 4 个步骤，即单元测试、集成测试、确认测试和系统测试。

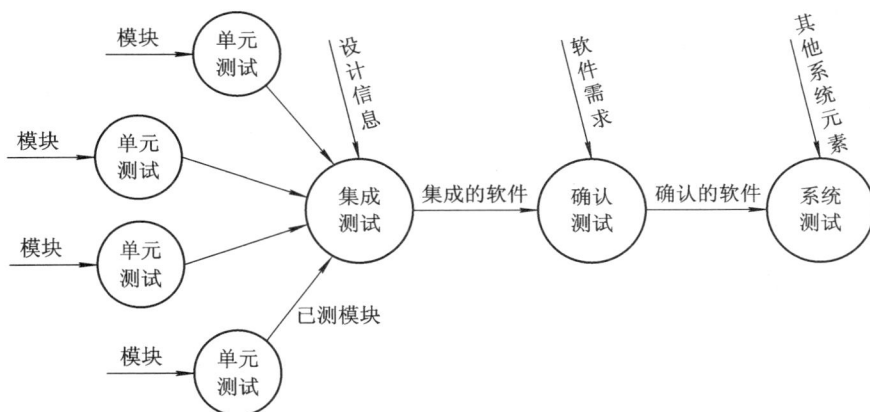

图 2.6　软件测试过程

单元测试的目的是确保每个模块能正常工作。单元测试大多采用白盒测试方法，尽可能发现并消除模块内部在逻辑和功能上的故障及缺陷。把已测试过的模块组装起来，形成一个完整的软件后进行的测试是集成测试。集成测试检测和排除与软件设计相关的程序结构问题，大多采用黑盒测试方法。确认测试以规格说明规定的需求为尺度，检验开发的软件能否满足所有的功能和性能要求。确认测试完成以后，给出的应该是合格的软件产品，但为了检验开发的软件是否能与系统的其他部分(如硬件、数据库及操作人员)协调工作，还需进行系统测试。

2.4.1　单元测试

单元测试是在软件开发过程中进行的最低级别的测试活动，其测试的对象是软件设计的最小单位。在传统的结构化编程语言中(比如 C 语言),单元测试的对象一般是函数或子过程。在像 C++这样的面向对象的语言中,单元测试的对象可以是类,也可以是类的成员函数。单元测试的原则同样也可以扩展到第四代语言(4GL)中,这时单元被典型地定义为一个菜单或显示界面。

单元测试又称为模块测试。模块并没有严格的定义,不过按照一般的理解,模块应该具有以下的一些基本属性:

(1) 名字;

(2) 明确规定的功能;

(3) 内部使用的数据或称局部数据;

(4) 与其他模块或外界的数据联系;

(5) 实现其特定功能的算法;

(6) 可被其上层模块调用,也可调用其下属模块进行协同工作。

单元测试的目的是检测程序模块中有无故障存在,也就是说,一开始并不是把程序作为一个整体来测试,而是首先集中注意力来测试程序中较小的结构块,以便发现并纠正模块内部的故障。单元测试还提供了同时测试多个模块的良机,从而在测试过程中引入了并行性。

在实际软件开发工作中,单元测试和代码编写所花费的精力大致相同。经验表明:单元测试可以发现很多的软件故障,并且修改它们的成本也很低。在软件开发的后期,发现并修复软件故障将变得更加困难,将花费大量的时间和费用,因此,有效的单元测试是保证全局质量的一个重要部分。在经过单元测试后,系统集成过程将会大大地简化,开发人员可以将精力集中在单元之间的交互作用和全局的功能实现上,而不是陷入充满故障的单元之中不能自拔。

2.4.2 集成测试

时常有这样的情况发生,即每个模块都能单独工作,但将这些模块组装起来之后却不能正常工作。程序在某些局部反映不出的问题,很可能在全局暴露出来,影响到功能的正常发挥,可能的原因有:

(1) 模块相互调用时引入了新的问题,例如数据可能丢失,一个模块对另一模块可能有不良的影响等。

(2) 几个子功能组合起来不能实现主功能。

(3) 误差不断积累,以致达到不可接受的程度。

(4) 全局数据结构出现错误等。

因此,在每个模块完成单元测试以后,需要按照设计的程序结构图,将它们组合起来,进行集成测试。集成测试是按设计要求把通过单元测试的各个模块组装在一起,检测与接口有关的各种故障。组织集成测试的方法有两种:

(1) 独立地测试程序的每个模块,然后把它们组合成一个整体进行测试,称为非增式集成测试法。

(2) 先把下一个待测模块组合到已经测试过的那些模块上,再进行测试,逐步完成集成测试，称为增式集成测试法。

图 2.7 是一个程序例子，图中的 7 个矩形分别表示程序的 7 个模块(子程序或者过程)，模块之间的连线表示程序的控制层次，就是说模块 M1 调用模块 M2、M3 和 M4，模块 M2 调用模块 M5 和 M6 等。非增式测试法的集成过程是：先对 7 个模块中的每一个进行单元测试，可以同时测试或是逐个地测试各模块，这主要由测试环境和参加测试的人数等情况来决定；然后，在此基础上按程序结构图将各模块连接起来，把连接后的程序当做一个整体进行测试。这种集成测试方法容易出现混乱，因为测试时可能发现一大堆故障，为每个故障定位和纠正非常困难，并且在修复一个故障的同时可能又会引入新的故障，新旧故障混杂，很难断定出错的具体原因和位置。

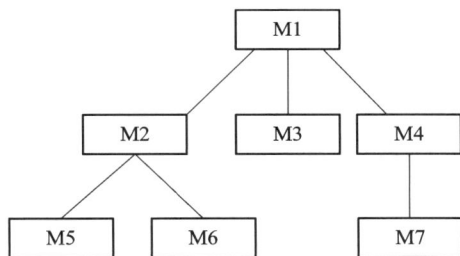

图 2.7　7 个模块的程序简图

增式集成测试法是另一种测试方法，它不是孤立地测试每一个模块，而是一开始就把待测模块与已测试过的模块集合连接起来。增量集成测试法可以从程序底部开始测试，可以先由 4 个人平行地测试或顺序地测试模块 M3、M5、M6 和 M7，然后测试模块 M2 和 M4，测试时，把模块 M2 连在模块 M5 和 M6 上，模块 M4 则连在模块 M7 上。增式集成测试法的测试过程就是不断地把待测模块连接到已测模块集(或其子集)上，对待测模块进行测试，直到最后一个模块(这里是 M1)测试完毕。

最后需要说明的是：在软件集成阶段，测试的复杂程度远远超过单元测试的复杂程度。

2.4.3　系统测试

软件只是计算机系统的一个重要组成部分，软件开发完成以后，还应与系统中其他部分联合起来，进行一系列系统集成和测试，以保证系统各组成部分能够协调地工作。这里所说的系统组成部分除软件外，还包括计算机硬件及相关的外围设备、数据及采集和传输机构、计算机系统操作人员等。系统测试实际上是针对系统中各个组成部分进行的综合性检验，很接近日常测试实践。系统测试的目标不是要找出软件故障，而是要证明系统的性能。比如，确定系统是否满足其性能需求，确定系统的峰值负载条件及在此条件下程序能否在要求的时间间隔内处理要求的负载，确定系统使用资源(存储器、磁盘空间等)是否会超界，确定安装过程中是否会导致不正确的方式，确定系统或程序出现故障之后能否满足恢复性需求，确定系统是否满足可靠性要求等。

系统测试很困难，需要创造性。那么，系统测试应该由谁来进行呢？可以肯定以下人员、机构不能进行系统测试：

(1) 系统开发人员不能进行系统测试。

(2) 系统开发组织不能负责系统测试。

之所以如此，第一个原因是，进行系统测试的人必须善于从用户的角度考虑问题，他最好能彻底了解用户的看法和环境，了解软件的使用。显然，最好的人选就是一个或多个用户。然而，一般的用户没有前面所说的各类测试的能力和专业知识，所以理想的系统测试小组应由这样一些人组成：几个职业的系统测试专家、一到两个用户代表、一到两个软件设计者或分析者等。第二个原因是，系统测试不受约束，灵活性很强，而开发机构对自己程序的心理状态往往与这类测试活动不相适应。大部分开发软件机构最关心的是让系统测试能按时圆满地完成，并不真正想说明系统与其目标是否一致。一般认为，独立测试机构在测试过程中查错积极性高并且有解决问题的专业知识。因此，系统测试最好由独立的测试机构完成。关于系统测试，有很多种类型，将在后续章节进一步讨论。

2.4.4 验收测试

验收测试是将最终产品与最终用户的当前需求进行比较的过程，是软件开发结束后软件产品向用户交付之前进行的最后一次质量检验活动，它解决开发的软件产品是否符合预期的各项要求，用户是否接受等问题。验收测试不只检验软件某方面的质量，还要进行全面的质量检验并决定软件是否合格。因此，验收测试是一项严格的、正规的测试活动，并且应该在生产环境中而不是开发环境中进行。

验收测试的主要任务包括：

(1) 明确规定验收测试通过的标准；

(2) 确定验收测试方法；

(3) 确定验收测试的组织和可利用的资源；

(4) 确定测试结果的分析方法；

(5) 制定验收测试计划并进行评审；

(6) 设计验收测试的测试用例；

(7) 审查验收测试的准备工作；

(8) 执行验收测试；

(9) 分析测试结果，决定是否通过验收。

如果软件是按合同开发的，合同规定了验收标准，则验收测试由签订合同的用户进行。如果产品不是按合同开发的，开发组织可以采用其他形式的验收测试，如 Alpha 测试和 Beta 测试。

Alpha 测试和 Beta 测试都是在指定的时间内以生产方式运行并操作软件。Alpha 测试一般在开发公司内由最终用户进行。被测试的软件由开发人员安排在可控的环境下进行检验并记录发现的故障和使用中的问题。Beta 测试则一般在开发公司之外，由经过挑选的真正用户群进行，它是在开发人员无法控制的环境下，对要交付的软件进行的实际应用性检验。在测试过程中用户要记录遇到的所有问题，并且定期向开发人员通报测试情况。Alpha 测试和 Beta 测试都要求仔细挑选用户，要求用户有使用产品的积极性，并能提供良好的硬件和软件配置等。Alpha 测试和 Beta 测试可以分别用做验收测试，不过常常是两者都用，一般 Beta 测试在 Alpha 测试之后进行。

验收测试关系到软件产品的命运,因此应对软件产品做出负责任的、符合实际情况的客观评价。制订验收测试计划是做好验收测试的关键一步。验收测试计划应为验收测试的设计、执行、监督、检查和分析提供全面而充分的说明,规定验收测试的责任者、管理方式、评审机构以及所用资源、进度安排、对测试数据的要求、所需的软件工具、人员培训以及其他的特殊要求等。总之,在进行验收测试时,应尽可能去掉一些人为的模拟条件,去掉一些开发者的主观因素,使得验收测试能够得出真实、客观的结论。

2.5 黑盒测试和白盒测试

黑盒测试和白盒测试是两类广泛使用的软件测试方法。

黑盒测试又称功能测试或基于规格说明的测试。

黑盒测试的基本观点是:任何程序都可以看做从输入定义域映射到输出值域的函数。这种观点将被测程序看做一个打不开的黑盒,黑盒的内容(实现)是完全不知道的,只知道软件要做什么。因无法看到盒子中的内容,所以不知道软件是如何运作的以及为什么会这样。但是,很多时候可以利用黑盒知识进行有效操作,例如,大多数人都可以仅凭借黑盒知识成功地操作摩托车。再如前面所述的 Windows 计算器程序,如果输入 3/14159 并按 sqrt 键,就会得到 1.772 453 102 341。人们一般不关心计算圆周率的平方根需要经历多少次复杂的运算,只关心它的运算结果是否正确。

在用黑盒测试方法设计测试用例时,测试人员所使用的唯一信息就是软件的规格说明,在完全不考虑程序内部结构和内部特性的情况下,只依靠被测程序输入和输出之间的关系或程序的功能来设计测试用例,推断测试结果的正确性,即所依据的只是程序的外部特性。因此,黑盒测试是从用户观点出发的测试。

白盒测试又称结构测试或基于程序的测试。白盒测试将被测程序看做一个打开的盒子,测试人员可以看到被测的源程序,可以分析被测程序的内部构造,这时测试人员可以完全不考虑程序的功能,只根据其内部构造设计测试用例。

2.5.1 黑盒测试

黑盒测试是一类重要的软件测试方法,它根据规格说明设计测试用例,不涉及程序的内部结构。因此,黑盒测试有两个显著的优点:

(1) 黑盒测试与软件具体实现无关,所以如果软件实现发生了变化,测试用例仍然可以使用。

(2) 设计黑盒测试用例可以和软件实现同时进行,因此可以压缩项目总的开发时间。

尽管黑盒测试是一类传统的测试方法,有着严格的规定和系统的方式可供参考。但是,在实践中采用黑盒测试也存在一些问题。一个突出的问题是所谓程序的功能究竟是哪些?众所周知,任何软件作为一个系统都是有层次的。在软件的总体功能之下可能有若干个层次的功能,而测试人员常常只看到低层的功能,他们面临的一个实际问题是在哪个层次上进行测试。如果测试在高层次上进行,就可能忽略一些细节。如果测试在低层次上展开,又可能忽视各功能之间存在的相互作用和相互依赖的关系。因此，测试人员需要考虑并且兼顾各个层次的功能。但是，如果为测试人员提供的是一个不分层次的杂乱的规格说明，那么他的黑盒测试工作必定陷入混乱之中，也就不可能取得良好的测试效果。

黑盒测试的另一个问题是功能生成问题。软件开发把原始问题变换成计算机能处理的形式，需要进行一系列的变换，在这一系列变换过程中，每一步都可能得到不同形式的中间结果。例如，开始时把原始数据变换成表格形式的数据，然后又把表格形式的数据变换成文件上的记录，在此过程中便出现了一系列的功能。首先是填表，然后是输入/输出，最后又出现安全保密、口令、恢复及出错处理等功能。

如果软件规格说明是按高层抽象编写的，由于规范本身的高度抽象，不可能涉及许多具体的技术性功能，如文件处理、出错处理等。如果测试用例是根据这样的规格说明得到的，那么实际工程中，详尽的功能测试也可能会遗漏代码中的一些重要部分，因而可能会漏掉其中的一些故障。如果软件规格说明是按低层抽象编写的，其中必定包含许多技术细节。对于这样的规格说明，用户会感到非常为难，因为他们无法理解其中的技术细节，也就无法判断这个规格说明是否反映了他们真正的需求。为了解决这一矛盾，有人建议编写两份规格说明，一份供用户使用，一份供测试人员使用，但即使这样，问题并没有真正解决，因为很难保证这两份规格说明完全一致。

黑盒测试以软件规格说明为依据选取测试数据，其正确性依赖于规格说明的正确性。事实上，人们不能保证规格说明完全正确。很明显，如果程序的外部特性本身有问题或规格说明的规定有误，如规格说明中规定了多余的功能或是漏掉了某些功能，这对于黑盒测试来说是无能为力的。

2.5.2 白盒测试

白盒测试(结构测试)是根据被测程序的内部结构设计测试用例的一类测试，具有很强的理论基础。结构测试要求对被测程序的结构特性做到一定程度的覆盖，或者说是"基于覆盖的测试"。测试人员可以严格定义要测试的确切内容，明确提出要达到的测试覆盖率，以减少测试的盲目性，引导测试人员朝着提高测试覆盖率的方向努力，从而找出那些被忽视的程序故障。

语句覆盖是一种最为常见也是最弱的逻辑覆盖准则，它要求设计若干个测试用例，使被测程序的每个语句都至少被执行一次。判定覆盖或分支覆盖则要求设计若干个测试用例，使被测程序的每个判定的真分支和假分支都至少被执行一次。当判定含有多个条件时，可以要求设计若干个测试用例，使被测程序的每个条件的真、假分支都至少被执行一次，这就是条件覆盖。在考虑对程序路径进行全面检验时，可以使用路径覆盖准则。所有这些逻辑覆盖准则将在第 3 章中进行详细的讨论。

尽管结构测试提供了评价测试的逻辑覆盖准则，但 Howden 认为结构测试是不完全的。理论上，可以构造出一些程序实例证明：每种基于结构的测试最终都将达到极限而不能发现所有的故障。如果程序结构本身有问题，比如程序逻辑有错或者遗漏了某些规格说明已有规定的功能，那么，无论哪一种结构测试，即使其覆盖率达到 100%，也是检查不出来的。因此，提高结构的测试覆盖率只能增强对被测软件的信心，但绝不是万无一失的。

2.5.3 黑盒测试与白盒测试比较

黑盒测试和白盒测试是两种完全不同的测试方法，可以说，它们的出发点不同，并且是两个完全对立的出发点，反映了事物的两个极端。它们各有侧重，都有坚定的拥护者。Robert Poston 认为"白盒测试自 20 世纪 70 年代以来一直在浪费测试人员的时间，它不支持良好的软件测试实践，应该从测试人员的工具包中剔除"，而 Edward Miller 则认为"如果能达到 85%或更好的分支覆盖率，那么白盒测试能识别出的软件故障，一般是黑盒测试能找出的故障的两倍"。事实上，黑盒测试和白盒测试在测试实践中都非常有效而且都很实用，不能指望其中的一个能够完全代替另一个。一般而言，在单元测试时大都采用白盒测试，而在确认测试或系统测试中大都采用黑盒测试。

表 2-1 给出了黑盒测试和白盒测试两类方法的比较。图 2.8 则说明了它们各自的能力范围及不足。

表 2-1　黑盒测试和白盒测试方法的比较

项　目	黑盒测试	白盒测试
测试依据	根据软件规格说明设计测试用例	根据程序内部结构进行测试
优点	能站在用户立场上进行测试	能够对程序内部的特定部位进行覆盖测试
缺点	① 不能测试程序内部特定部位 ② 发现不了规格说明的错误	① 无法检测程序的外部特性 ② 无法对未实现规格说明的程序部分进行测试
方法	① 等价类划分 ② 边界值分析 ③ 决策表测试	① 判定覆盖 ② 条件覆盖 ③ 判定/条件覆盖 ④ 路径覆盖

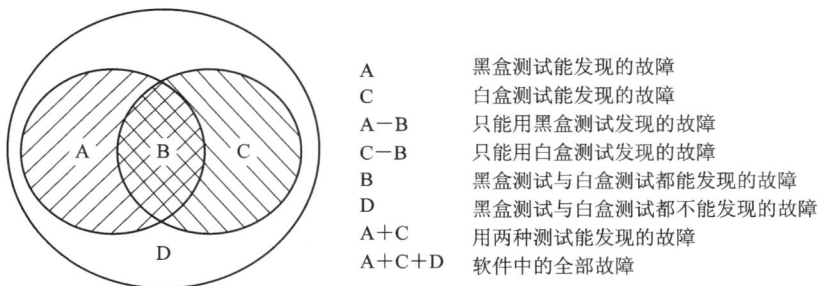

A　　　　黑盒测试能发现的故障
C　　　　白盒测试能发现的故障
A−B　　只能用黑盒测试发现的故障
C−B　　只能用白盒测试发现的故障
B　　　　黑盒测试与白盒测试都能发现的故障
D　　　　黑盒测试与白盒测试都不能发现的故障
A+C　　用两种测试能发现的故障
A+C+D　软件中的全部故障

图 2.8　黑盒测试与白盒测试的比较

以上概括地介绍了黑盒测试和白盒测试方法的主要思想，关于黑盒测试和白盒测试的一些主流方法，将在后续章节进行更为详细的讨论。

2.6　静态测试与动态测试

原则上讲，软件测试方法可以分为两大类：静态测试方法和动态测试方法。

静态测试是指不利用计算机运行被测程序，而是通过其他手段达到检测的目的。动态测试则是指通常意义上的测试，通过运行和使用被测程序，发现软件故障，以达到检测的目的。

这两种测试方法可用汽车的检查过程来打个比方，踩油门、看车漆、打开前盖检查都属于静态测试技术，而发动汽车、听发动机的声音、上路行驶则属于动态测试技术。检查软件规格说明属于静态黑盒测试。软件规格说明是书面文档，不是可以执行的程序，软件测试人员可以利用书面文档资料进行静态黑盒测试，认真查找软件缺陷，而检查代码则属于静态白盒测试，它们是在不执行程序的条件下有条理地仔细审查软件设计、体系结构和代码，从而找出软件故障的过程。

静态测试是对被测程序进行特性分析的一些方法的总称。通常在静态测试阶段进行以下检测活动：

(1) 检查算法的逻辑正确性，确定算法是否实现了所要求的功能。

(2) 检查模块接口的正确性，确定形参的个数、数据类型，顺序是否正确，确定返回值类型及返回值的正确性。

(3) 检查输入参数是否有合法性检查。如果没有合法性检查，则应确定该参数是否不需要合法性检查，否则应加上参数的合法性检查。经验表明，缺少参数合法性检查的代码是造成软件系统不稳定的主要原因之一。

(4) 检查调用其他模块的接口是否正确、检查实参类型是否正确、实参个数是否正确、返回值是否正确、是否会误解返回值所表示的意思。如果被调用模块出现异常或错误，程序是否添加了适当的出错处理代码。

(5) 检查是否设置了适当的出错处理，以便在程序出错时能对出错部分进行重做安排，保证其逻辑的正确性。

(6) 检查表达式、语句是否正确，是否含有二义性。对于容易产生歧义的表达式或运算符优先级(如，<=、=、>= 、&&、++、−− 等)可以采用()运算符以避免二义性。

(7) 检查常量或全局变量使用是否正确。

(8) 检查标识符的定义是否规范、一致，变量命名是否能够见名知意、简洁、规范和容易记忆。

(9) 检查程序风格的一致性、规范性，代码是否符合行业规范，是否所有模块的代码风格一致、规范、工整。

(10) 检查代码是否可以优化，算法效率是否最高。

(11) 检查代码是否清晰、简洁和容易理解 (注意：冗长的程序并不一定是不清晰的)。

(12) 检查模块内部注释是否完整，是否正确地反映了代码的功能。错误的注释比没有注释更糟。

静态测试并不是编译程序所能代替的。静态测试可以完成以下工作：

(1) 可以发现程序缺陷。程序缺陷包括：

① 错用了局部变量和全程变量；

② 不匹配的参数；

③ 不适当的循环嵌套和分支嵌套，不适当的处理顺序；

④ 无终止的死循环；

⑤ 未定义的变量；

⑥ 不允许的递归；

⑦ 调用不存在的子程序；

⑧ 遗漏了标号或代码；

⑨ 不适当的连接。

(2) 找到问题的根源。其问题的根源包括：

① 未使用过的变量；

② 不会执行到的代码；

③ 未引用过的标号；

④ 可疑的计算；

⑤ 潜在的死循环。

(3) 提供程序缺陷的间接信息。其间接信息包括：

① 所用变量和常量的交叉引用表；

② 标识符的使用方式；

③ 过程的调用层次；

④ 是否违背编码规则。

经验表明，使用人工静态测试可以发现大约 30%～70% 的逻辑设计和编码错误。但是，代码中仍会有大量隐藏的故障无法通过静态测试发现，因此必须通过动态测试进行详细的分析。关于动态测试将在后续章节进行全面的讨论。

2.7　验证测试与确认测试

软件包括程序以及开发、使用和维护程序所需的所有文档。程序只是软件产品的一个组成部分，表现在程序中的故障，并不一定是由编码所引起的。实际上，软件需求分析、设计和实施阶段都是软件故障的主要来源。因此，软件测试不仅包含对代码的测试，而且包含对软件文档和其他非执行形式的测试。

验证测试就是针对开发过程中的任何中间产品进行的测试。按照 IEEE/ANSI 的定义，验证测试是为确定某一开发阶段的产品是否满足在该阶段开始时提出的要求而对系统或部分系统进行评估的过程。

所谓验证，是指确定软件开发的每个阶段、每个步骤的产品是否正确无误，是否与其前面开发阶段和开发步骤的产品相一致。验证工作意味着在软件开发过程中开展一系列活动，旨在确保软件能够正确无误地实现软件的需求。验证就是对诸如软件需求规格说明、设计规格说明和代码之类的产品进行评估、审查和检查的过程，属于静态测试。如果是针对代码，就是代码的静态测试——代码评审，而不是动态执行代码。验证测试可应用到开发早期一切可以被评审的事物上，以确保该阶段的产品是所期望的。

确认测试则只能通过运行代码来完成。按照 IEEE/ANSI 的定义，确认测试是在开发过程中或结束时，对系统或部分系统进行评估以确定其是否满足需求规格说明的过程。

所谓确认，是指确定最后的软件产品是否正确无误。比如，编写出的程序与软件需求和用户提出的要求是否符合，或者说程序输出的信息是否用户所要求的信息，这个程序在整个系统环境中能否正确稳定地运行。正式的确认包括实际软件或仿真模型的运行，确认是"基于计算机的测试"过程，属于动态测试。

实际上，测试 = 验证 + 确认。将测试分为验证与确认的这种分类方法的确认测试包括前述的单元测试、集成测试、确认测试和系统测试。

确认和验证相关联，但也有明显的区别。Boehm 是这样来描述两者差别的："确认要回答的是，我们正在开发一个正确无误的软件产品吗？而验证要回答的是，我们正开发的软件产品是正确无误的吗？"相应的验证测试计划和确认测试计划涉及不同的内容。

1) 在验证测试计划中要考虑的问题

在验证测试计划中要考虑：

(1) 将进行的验证活动的种类(需求验证、功能设计验证、详细设计验证还是代码验证)；

(2) 使用的方法(审查、走查等)；

(3) 产品中要验证的和不要验证的范围；

(4) 没有验证的部分所承担的风险；

(5) 产品需优先验证的范围；

(6) 与验证相关的资源、进度、设备、工具和责任。

2) 在确认测试计划中要考虑的问题

在确认测试计划中要考虑：

(1) 测试方法；

(2) 测试工具；

(3) 支撑软件(开发和测试共享)；

(4) 配置管理；

(5) 风险(预算、资源、进度和培训)。

总之，验证和确认是互相补充的，它们保证了最终软件产品的正确性、完全性和一致性。

习题与思考 ✍

1. 开始编写代码之前有哪些工作要完成？

2. 为什么软件测试人员喜欢螺旋模型？

3. 简述软件测试过程。

4. 单元测试的任务及常用测试方法有哪些？

5. 白盒测试与黑盒测试、静态测试与动态测试、验证测试与确认测试之间有何异同？

6. 如果没有软件规格说明或需求文档，可以进行黑盒测试吗？为什么？

7. 如果开发时间紧迫，是否可以跳过单元测试而直接进行集成测试？为什么？

第 3 章 黑 盒 测 试

学习目标

(1) 理解黑盒测试的过程与步骤;

(2) 熟悉黑盒测试中等价类、边界值、因果图等测试手段;

(3) 掌握黑盒测试用例编写方式。

黑盒测试是从软件的外部对软件实施测试,也常形容为"闭着眼睛测试"。本章将介绍几种常用的黑盒测试方法,其中包括等价类划分、边界值、判定表、因果图、场景法等。掌握和使用这些方法并不困难,但是,每种方法各有所长,应针对软件开发项目的具体特点,选择合适的测试方法,有效地解决软件开发中的测试问题。

3.1 等 价 类 测 试

等价类测试是一种典型的黑盒测试方法,也是一种非常实用的测试方法,如图 3.1 所示。使用这一方法时,完全不考虑程序的内部结构,只依据程序的规格说明来设计测试用例。

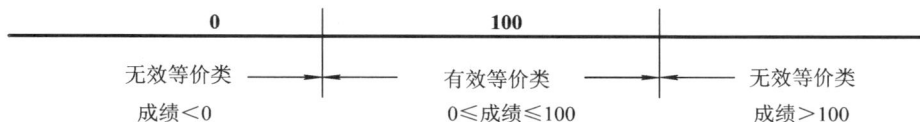

图 3.1 等价类测试方法

3.1.1 等价类的概念

由于穷举测试工作量太大,以至于无法实际完成,促使我们在大量的可能数据中选取其中一部分作为测试用例。例如,在不了解等价划分的前提下,我们进行计算器程序的加法测试时,测试了 1+1、1+2、1+3 和 1+4 之后,还有必要测试 1+5 和 1+6 吗?能否放心地认为它们是正确的?我们感觉 1+5 和 1+6 与前面的 1+1、1+2 都是很类似的简单加法。

等价划分的方法是把程序的域划分为若干部分,然后从每个部分中选取少数代表性数据作为测试用例。每一类的代表性数据在测试中的用途等价于这一类中的其他值,也就是说,如果在某一类中的一个例子中发现了错误,则在这一等价类中的其他例子中也能发现同样的错误；反之，如果在某一类中的一个例子中没有发现错误，则这一类中的其他例子也不会被查出错误(除非等价类中的某些例子属于另一个等价类，因为几个等价类是可能相交的)。使用这一方法设计测试用例，首先必须在分析需求规格说明的基础上划分等价类，列出等价类表。

类是指某个输入域的子集合。在该子集合中，各个输入数据对于揭露程序中的错误是等效的，并合理假定：测试某等价类的代表值就等于测试这一类其他值。

因此，可以把全部输入数据合理地划分为若干等价类，在每一个等价类中取一个数据作为测试的输入条件，就可以用少量代表性的测试数据取得较少的测试结果。等价划分有两种不同的情况：有效等价类和无效等价类。

(1) 有效等价类：指对于程序的规格说明来说是合理的、有意义的输入数据构成的集合。利用有效等价类可检查程序是否实现了规格说明中所规定的功能和性能。

(2) 无效等价类：与有效等价类的定义相反。

在设计测试用例时，要同时考虑有效等价类和无效等价类。软件不能都只接受合理的数据，还要经受意外的考验，接受无效的或者不合理的数据，这样的软件才具有较高的可靠性。

3.1.2 等价类测试的类型

为了便于理解，以下讨论涉及两个变量 X_1 和 X_2 的函数 F。如果函数 F 实现为一个程序，则输入变量 X_1 和 X_2 将拥有以下边界，以及边界内的区间：

$a \leqslant X_1 \leqslant d$，区间为 $[a, b)$，$[b, c)$，$[c, d]$

$e \leqslant X_2 \leqslant g$，区间为 $[e, f)$，$[f, g]$

其中方括号和圆括号分别表示闭区间和开区间的端点。X_1，X_2 的无效值是 $X_1 < a$，$X_1 > d$，$X_2 < e$，$X_2 > g$。以此作为例子，我们将进一步讨论等价类测试的类型。

1. 弱一般等价类测试

弱一般等价类测试是指测试用例的设计是通过从每个等价类(区间)选择一个值来实现。所谓弱，是指从各个等价类中选取值时只考虑等价类自身，查出的缺陷属于"单缺陷"，即单一因素造成的缺陷。其用例如图 3.2 所示。

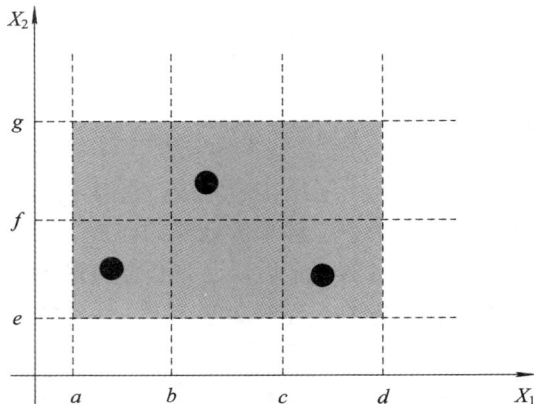

图 3.2 弱一般等价类测试用例

2．强一般等价类测试

强一般等价类测试是指设计测试用例时需要考虑等价类之间的相互作用，选取等价类的笛卡尔积的元素值来实现。笛卡尔积可保证两种意义上的"完备性"：一是覆盖所有的等价类；二是有可能输入组合中的一个。所谓强，是指考虑了等价类之间的相互影响，查出的缺陷属于多种因素造成的"多缺陷"。其用例如图 3.3 所示。

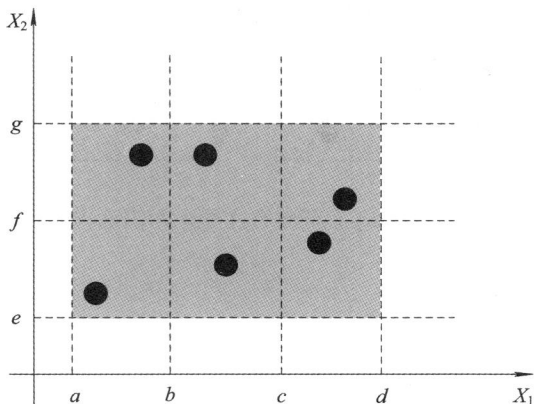

图 3.3　强一般等价类测试用例

3．弱健壮等价类测试

弱健壮等价类测试是一种考虑了无效值又有单缺陷假设的测试。

(1) 对于有效输入，使用每个有效类的一个值。(就像我们在所谓弱一般等价类测试中所做的一样。请注意，这些测试用例中的所有输入都是有效的。)

(2) 对于无效输入，测试用例将拥有一个无效值，并保持其余的值都是等效的。(因此，"单缺陷"会造成测试用例失败。)

按照这种策略产生的测试用例如图 3.4 所示。

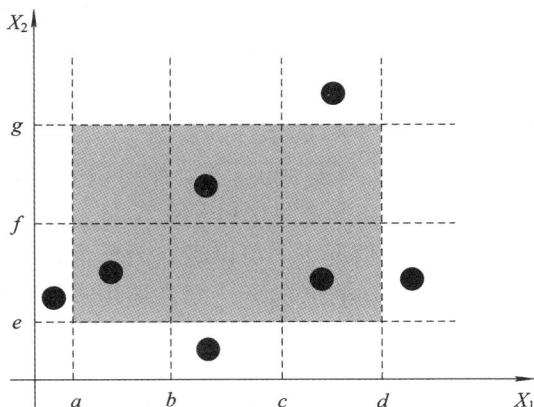

图 3.4　弱健壮等价类测试用例

4．强健壮等价类测试

强健壮等价类测试是指要考虑无效值又要考虑多缺陷假设的测试。它从所有的等价类笛卡尔积的每个元素中获得测试用例，如图 3.5 所示。

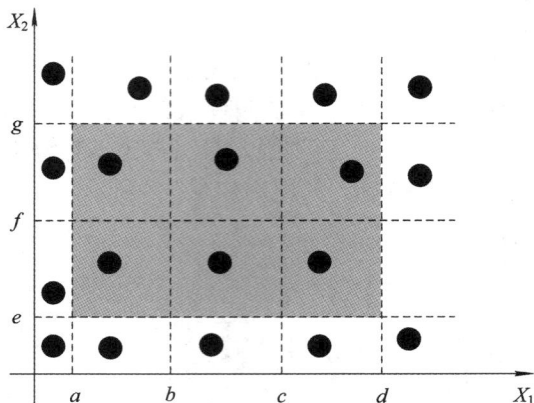

图 3.5 强健壮等价类测试用例

3.1.3 等价类测试的原则

等价类测试的原则如下：

(1) 在输入条件规定了取值范围的情况下，可以确立一个有效等价类(在取值范围之内)和两个无效等价类(小于取值范围和大于取值范围)。例如：使用手机发送短信的时候，短信内容长度必须在 70 个字符之内，则有效等价类为"短信内容长度在 70 个字符之内"，而无效等价类为"短信内容长度为 0 或短信内容长度大于 70"。

(2) 在输入条件规定了取值的个数的情况下，可以确立一个有效等价类(在取值个数范围之内)和两个无效等价类(小于取值个数和大于取值个数)。例如：一名学生一个学期可以选修一至五门课程，则有效等价类为"1≤学生选修课程≤5"，无效等价类为"没有选修课程或选修课程大于 5"。

(3) 在输入条件规定了输入值的集合的情况下，可以确立一个有效等价类和一个无效等价类。比如：发送短信的编码的取值范围是 0、3、4、8、15 或 16，则有效等价类是"短信编码为 0、3、4、8、15 或 16"，而无效等价类是"短信编码不是 0、3、4、8、15 或 16 的其中一种"。

(4) 在输入条件规定了"必须如何"的条件的情况下，可以确立一个有效等价类和一个无效等价类。例如：变量的命名以大写字母开头，则有效等价类为"变量命名以大写字母开头"，而无效等价类为"变量开头非大写字母开头"。

(5) 在输入条件是一个布尔量的情况下，可以确立一个有效等价类和一个无效等价类。例如：在神州行手机号码预扣费成功的情况下，允许该用户发送短信，则有效等价类为"神州行预扣费成功"，而无效等价类为"神州行预扣费失败"。

(6) 在规定了输入数据的一组值(假定 n 个)，并且程序要对每一个输入值分别处理的情况下，可以确立 n 个有效等价类和一个无效等价类。

(7) 在规定了输入数据必须遵守规则的情况下，可以确立一个有效等价类(符合规则)和若干个无效等价类(从不同角度违反规则)。

(8) 在确知已划分的等价类中各元素在程序处理中的方式不同的情况下，则应再将该等价类进一步划分为更小的等价类。

3.1.4 等价类方法设计举例

例 程序规定，输入三个整数作为三边的边长，构成三角形。当此三角形为一般三角形、等腰三角形、等边三角形时，分别作计算。用等价类划分方法为该程序进行测试用例设计。

解 设 *a*、*b*、*c* 代表三角形的三条边。

(1) 分析题目中给出的和隐含的对输入条件的要求：① 整数；② 3 个数；③ 非零数；④ 正数；⑤ 两边之和大于第三边；⑥ 等腰；⑦ 等边。

(2) 列出等价类表并编号。仔细分析三角形问题，可得出其等价类表，见表 3-1。根据等价类表，可设计覆盖上述等价类的测试用例。

表 3-1 三角形问题的等价类

		有效等价类	编号			编号
输入条件	输入 3 个整数	整数	1	一边为非整数	a 为非整数	12
					b 为非整数	13
					c 为非整数	14
				两边为非整数	a、b 为非整数	15
					b、c 为非整数	16
					a、c 为非整数	17
				三边都为非整数		18
		3 个数	2	只给一边	只给 a	19
					只给 b	20
					只给 c	21
				只给两边	只给 a、b	22
					只给 b、c	23
					只给 a、c	24
				给出三个以上		25
		非零数	3	一边为零	a=0	26
					b=0	27
					c=0	28
				两边为零	a=b=0	29
					b=c=0	30
					a=c=0	31
				三边都为零 a=b=c=0		32
		正数	4	一边<0	a<0	33
					b<0	34
					c<0	35
				两边<0	a<0 且 b<0	36
					b<0 且 c<0	37
					a<0 且 c<0	38
				三边<0	a<0 且 b<0 且 c<0	39

续表

输入条件		有效等价类	编号			编号
	构成一般三角形	a+b＞c	5	a+b＜c		40
				a+b=c		41
		b+c＞a	6	b+c＜a		42
				b+c=a		43
		a+c＞b	7	a+c＜b		44
				a+c=b		45
	构成等腰三角形	a=b	8			
		b=c	9			
		a=c(且两边之和大于第三边)	10			
	构成等边三角形	a=b=c	11			

(3) 列出覆盖上述等价类的测试用例，如表 3-2 所示。

表 3-2 测 试 用 例 表

(a，b，c)	覆盖有效等价类编号	(a，b，c)	覆盖有效等价类编号
3，4，4	1～7	0，4，5	26
4，4，5	1～7，8	3，0，5	27
4，5，5	1～7，9	3，4，0	28
5，4，5	1～7，10	0，0，5	29
4，4，5	1～7，11	3，0，0	30
2.5，4，5	12	0，4，0	31
3，4.5，5	13	0，0，0	32
3，4.5，5	14	−3，4，5	33
3.5，4.5，5	15	3，−4，5	34
3，4.5，5.5	16	3，4，−5	35
3.5，4，5.5	17	−3，−4，5	36
3.5，4.5，5.5	18	−3，4，−5	37
3，空，空	19	3，−4，−5	38
空，4，空	20	−3，−4，−5	39
空，空，5	21	3，1，5	40
3，4，空	22	3，2，5	41
空，4，5	23	3，1，1	42
3，空，5	24	3，2，1	43
		3，4，1	45

3.2 边界值测试

3.2.1 边界值分析的概念

人们由长期的测试工作经验得知，大量的错误是发生在输入或输出范围的边界上，而不是在输入范围的内部。因此针对各种边界情况设计测试用例，可以查出更多的错误。

边界值分析是通过选择等价类边界的测试。边界值分析不但重视输入条件边界，而且必须考虑输出域边界。边界值分析是对等价类划分方法的补充。

使用边界值分析设计测试用例，应先确定边界情况，通常输入和输出等价类的边界，应当选取正好等于、刚刚大于或刚刚小于边界值作为测试数据，而不是选取等价类中的典型值或任意值作为测试数据。

3.2.2 选择测试用例的原则

选择测试用例的原则如下：

(1) 如果输入条件规定了值的范围，则应取刚达到这个范围的边界值，以及刚刚超越这个范围的边界值作为测试输入数据。

(2) 如果输入条件规定了值的个数，则用最大个数、最小个数、比最小个数少一、比最大个数多一的数作为测试数据。

(3) 根据规格说明书的每个输出条件，使用前面的原则。

(4) 如果程序的规格说明给出的输入域或输出域是有序集合，则应选取集合的第一个元素和最后一个元素作为测试用例。

(5) 如果程序中使用了一个内部数据结构，则应当选择这个内部数据结构的边界上的值作为测试用例。

(6) 分析规格说明，找出其他可能的边界条件。

3.2.3 边界值分析设计举例

例 三角形问题的边界值分析测试用例设计。

在三角形问题描述中，除了要求边长是整数外，没有给出其他的限制条件。显然，边长下界为 1，边长上界可取为 100。表 3-3 给出了其边界值分析测试用例。

表 3-3 三角形问题的边界值分析测试用例

测试用例	a	b	c	预期输出
Test1	50	50	1	等腰三角形
Test2	50	50	2	等腰三角形
Test3	50	50	50	等边三角形
Test4	50	50	99	等边三角形
Test5	50	50	100	非三角形
Test6	1	50	50	等腰三角形
Test7	2	50	50	等腰三角形
Test8	99	50	50	等腰三角形
Test9	100	50	50	非三角形

3.3 基于判定表的测试

判定表(Decision Table)，是指用于显示条件和条件导致动作的集合。

判定表是分析和表达多逻辑条件下执行不同操作的工具。

判定表能够将复杂的问题按照各种可能的情况全部列举出来，简明并避免遗漏。因此，利用判定表能够设计出完整的测试用例。

在一些数据处理问题当中，某些操作的实施依赖于多个逻辑条件的组合，即：针对不同逻辑条件的组合值，分别执行不同的操作。判定表很适合于处理这类问题。

3.3.1 判定表的概念

判定表通常由四个部分组成，如图 3.6 所示。

(1) 条件桩(Condition Stub)：列出了问题的所有条件，通常认为列出的条件的次序无关紧要。

(2) 动作桩(Action Stub)：列出了问题规定可能采取的操作，这些操作的排列顺序没有约束。

(3) 条件项(Condition Entry)：列出针对它左列条件取值在所有可能情况下的真假值。

(4) 动作项(Action Entry)：列出在条件项的各种取值情况下应该采取的动作。

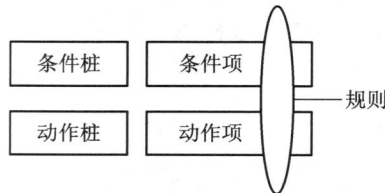

图 3.6 判定表结构

根据规则说明得到的判定表如表 3-4 所示。

表 3-4 判定表规则说明

	规则 1	规则 2	规则 3	规则 4
条件 1	Y	Y	N	N
条件 2	Y	—	N	—
条件 3	N	Y	N	—
条件 4	N	Y	N	Y
操作 1	√	√		
操作 2			√	
操作 3				√

注：Y 表示 Yes，N 表示 No。

3.3.2 基于判定表的设计举例

书籍阅读指南中有以下建议：

(1) 如果觉得疲倦并且对书的内容感兴趣，不糊涂的话，回到本章重读。
(2) 如果觉得疲倦并且对书的内容感兴趣，但糊涂的话，继续读下去。
(3) 如果不觉得疲倦并且对书的内容感兴趣，但糊涂的话，回到本章重读。
(4) 如果觉得疲倦并且对书的内容不感兴趣，但不糊涂，跳到下一章去阅读。
(5) 如果觉得疲倦并且对书的内容不感兴趣，但糊涂的话，请停止阅读，休息。
(6) 不疲倦，对书的内容感兴趣，书中的内容不糊涂，继续读下去。
(7) 不疲倦，不感兴趣，书中内容糊涂，跳到下一章去读。
(8) 不疲倦，不感兴趣，书中内容不糊涂，跳到下一章去读。

根据需求将条件桩、条件项、动作桩、动作项分别列出来，如表 3-5 所示。

表 3-5 判定表实例

		1	2	3	4	5	6	7	8
问题	觉得疲倦吗？	Y	Y	Y	Y	N	N	N	N
	感兴趣吗？	Y	Y	N	N	Y	Y	N	N
	糊涂吗？	Y	N	Y	N	Y	N	Y	N
建议	重读					√			
	继续						√		
	跳到下一章							√	√
	休息	√	√	√	√				

根据化简规则对判定表进行化简：

只要觉得疲惫，那么其他两项就不再考虑，直接休息，所以表 3-5 中 1～4 可以简化合并成一条"不疲惫且感兴趣时，无论是否糊涂，都直接休息"，简化以后的测试用例如表 3-6 所示。

表 3-6 简化后的判定表实例

		1	2	3	4
问题	你觉得疲倦吗？	—	—	Y	N
	你对内容感兴趣吗？	Y	Y	N	N
	书中内容使你糊涂吗？	Y	N	N	—
建议	请回到本章开头重读	X			
	继续读下去		X		
	跳到下一章去读				X
	停止阅读，请休息		X		

3.4 基于因果图的测试

因果图是一种图解法分析输入的各种组合情况，从而设计测试用例的方法，它适合于检查程序输入条件的各种组合情况。

3.4.1 因果图的适用范围

前面介绍的等价类划分方法和边界值分析方法，都是着重考虑输入条件，但未考虑输入条件之间的联系、相互组合等。考虑输入条件之间的相互组合，可能会产生一些新的情况。要检查输入条件的组合不是一件容易的事情，即使把所有输入条件划分成等价类，它们之间的组合情况也相当多。因此必须考虑采用一种适合于描述对于多种条件的组合，相应产生多个动作的形式来考虑设计测试用例，这就需要利用因果图(逻辑模型)。

因果图的测试方法最终生成的就是判定表。它适合于检查程序输入条件的各种组合情况。

3.4.2 因果图图形符号介绍

1．因果图基本符号

因果图基本符号如图 3.7 所示。

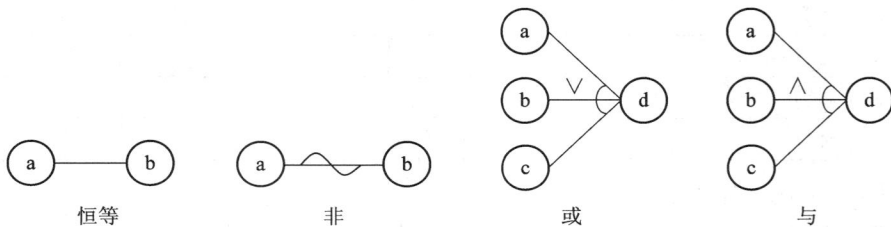

图 3.7　因果图基本符号

恒等：若 a=1，则 b=1；若 a=0，则 b=0。

非：若 a=1，则 b=0，若 a=0，则 b=1。

或：若 a=1 或 b=1 或 c=1，则 d=1；若 a= b= c=0，则 d=0。

与：若 a= b= c=1，则 d=1；若 a=0 或 b=0 或 c=0，则 d=0。

2．因果图约束符号

因果图约束符号如图 3.8 所示。

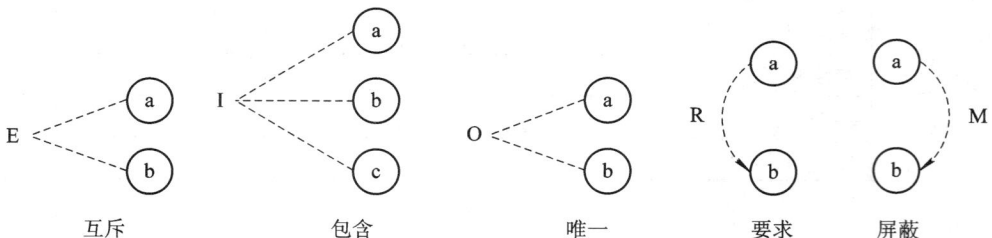

图 3.8　因果图约束符号

互斥 E：表示不同时为 1，即 a、b 中至多只有一个 1。

包含 I：表示至少有一个 1，即 a、b、c 中不同时为零。

唯一 O：表示 a、b 中有且仅有一个 1。

要求 R：表示若 a=1，则 b 必须为 1，即不可能 a=1 且 b=0。

屏蔽 M：表示若 a=1，则 b 必须为 0。

3.4.3　因果图法测试用例设计举例

某软件需求说明书：某段文本中，第一列字符必须是 A 或 B，第二列字符必须是一个数字，在此情况下进行文件的修改。如果第一列字符不正确，则给出信息 L；如果第二列字符不是数字，则给出信息 M。

由于此需求已经非常清晰，所以标准步骤中的第一步省略，从第二步开始分析。

(1) 确定原因和结果：从大的方面看，第一列和第二列不同的字符会引起不同的结果，所以初步分析原因结果如表 3-7 所示。

表 3-7　分析结果表

原因	c1	第一列字符正确
	c2	第二列字符是数字
结果	e1	修改文件
	e2	给出信息 L
	e3	给出信息 M

(2) 确定因果逻辑关系：如果第一列和第二列都正确，则修改文件；如果第一列不正确，给出信息 L；如果第二列不正确，给出信息 M。可以得出图 3.9 的因果图。

根据需求描述，原因 c1 还可以细分为两个原因：第一列字符是 A(c11)，第一列字符是 B(c12)。因此原因 c1 其实也可以看作结果。把它用因果图表示出来如图 3.10 所示。

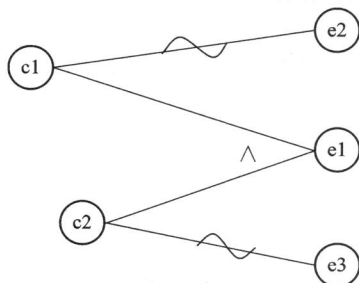

图 3.9　初步因果图之一　　　　图 3.10　初步因果图之二

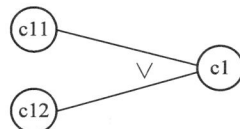

根据上面的分析，其实总共有三个原因，三个结果。

(3) 确定约束关系：从需求描述中可知，原因 c11 和 c12 不可能同时为真，但可以同时为假，因此满足排他性约束。这三个结果之间没有掩码标记的约束。完整的因果图如图 3.11 所示。

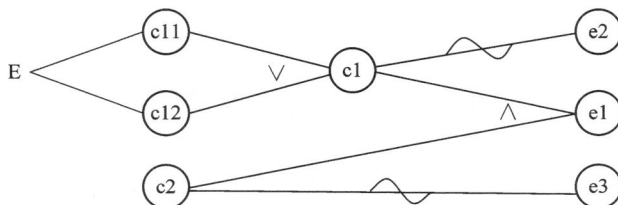

图 3.11　完整因果图

(4) 根据因果图画决策表：列出三个原因所有的状态组合，如表 3-8 所示。

表 3-8　状 态 组 合 表

		1	2	3	4	5	6	7	8
原因	c11	0	0	0	0	1	1	1	1
	c12	0	0	1	1	0	0	1	1
	c2	0	1	0	1	0	1	0	1
结果	e1								
	e2								
	e3								

(5) 根据原因分析结果：分析每一种状态对应的结果，并根据约束关系，去掉不可能出现的状态。本例的 c11 和 c12 满足排他性约束，所以同时都为 1 的状态不会出现，如表 3-9 所示。

表 3-9　优化后的状态组合表

		1	2	3	4	5	6	7	8
原因	c11	0	0	0	0	1	1	1	1
	c12	0	0	1	1	0	0	1	1
	c2	0	1	0	1	0	1	0	1
结果	e1	0	0	0	1	0	1	无此可能	无此可能
	e2	1	1	0	0	0	0		
	e3	0	0	1	0	1	0		

(6) 设计测试用例：根据决策表，列出有效的状态组合和结果，给出对应的测试用例，可以单独画一个表，也可以直接加到决策表中，如表 3-10 所示。

表 3-10　最终状态组合表

		1	2	3	4	5	6	7	8
原因	c11	0	0	0	0	1	1	1	1
	c12	0	0	1	1	0	0	1	1
	c2	0	1	0	1	0	1	0	1
结果	e1	0	0	0	1	0	1	无此可能	无此可能
	e2	1	1	0	0	0	0		
	e3	0	0	1	0	1	0		
测试用例(字符串)		aa cc	a3 c3	Be	B3	Aq	A4		

3.5　基于场景的测试

现在的软件几乎都是用事件触发来控制流程的，事件触发时的情景便形成了场景，而同一事件不同的触发顺序和处理结果就形成了事件流。这种在软件设计方面的思想也可引入到软件测试中,可以比较生动地描绘出事件触发时的情景,有利于测试设计者设计测试用例,同时使测试用例更容易理解与执行。

场景测试方法是基于 IBM 公司提出的 RUP(统一建模语言)的测试用例生成方法。该方法从系统分析的结果——用例出发,通过对每个用例的场景进行分析,逐步实现测试用例的构造。

根据图 3.12 所示,可以确定以下不同的用例场景。

场景 1:基本流;

场景 2:基本流、备选流 1;

场景 3:基本流、备选流 1、备选流 2;

场景 4:基本流、备选流 3;

场景 5:基本流、备选流 3、备选流 1;

场景 6:基本流、备选流 3、备选流 1、备选流 2;

场景 7:基本流、备选流 4;

场景 8:基本流、备选流 3、备选流 4。

这些可能路径都是从基本流开始,再将基本流和备选流结合起来所确定的用例场景。为方便起见,场景 5、6、8 只考虑了备选流 3 循环执行一次的情况。

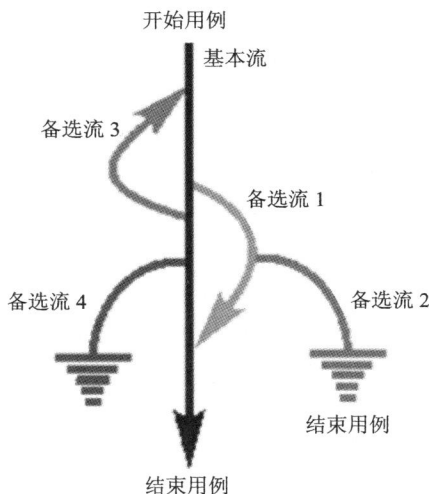

图 3.12　场景测试法流程

3.6　其他黑盒测试

3.6.1　错误推测法

错误推测法就是基于经验和直觉推测程序中所有可能存在的各种错误,有针对性地设计测试用例的方法。

错误推测法的基本思想是列举出程序中所有可能存在的错误和容易发生错误的特殊情况，根据它们选择测试用例。例如，设计一些非法、错误、不正确和垃圾数据进行输入测试是有意义的。如果软件要求输入数字，就输入字母；如果软件只接收正数，就输入负数；如果软件对时间敏感，就看它在公元 3000 年是否能正常工作；如果在单元测试时曾列出许多在模块中常见的错误，以前产品测试中曾经发现的错误等，这些就是经验的总结。另外，输入数据和输出数据为零、输入表格为空格或者输入表格只有一行，这些都是容易发生错误的情况，可选择这些情况的例子作为测试用例。

例 现有一个学生标准化考试批阅试卷、产生成绩报告的程序。其规格说明如下：程序的输入文件由一些有 80 个字符的记录组成，所有记录分为 3 组，如图 3.13 所示。

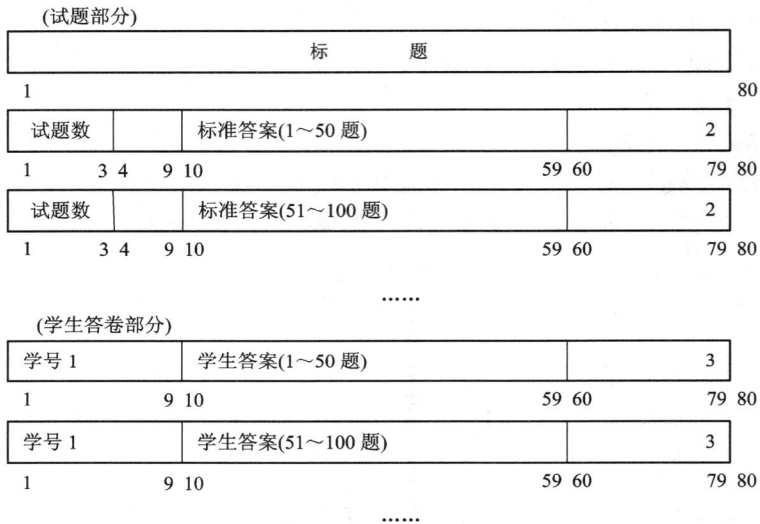

图 3.13 程序结构说明

标题：该组只有一个记录，其内容是成绩报告的名字。

标准答案：每个记录均在第 80 个字符处标以数字 2。

　　　第一个记录：第 1～3 个字符为试题数(1～999)。第 10～59 个字符是 1～50 题的标准答案(每个合法字符表示一个答案)。

　　　第二个记录：是第 51～100 题的标准答案。

　　　……

学生答案：每个记录均在第 80 个字符处标以数字 3。每个学生的答卷在若干个记录中给出。

学号：1～9 个字符。

第 1～50 题的答案：10～59。当大于 50 题时，在第二、三、……个记录中给出。

学生人数不超过 200，试题数不超过 999。

程序的输出有 4 个报告：

(1) 按学号排列的成绩单，列出每个学生的成绩、名次。

(2) 按学生成绩排序的成绩单。

(3) 平均分数及标准偏差的报告。

(4) 试题分析报告。按试题号排序，列出各题学生答对的百分比。

解答一　采用边界值分析方法，分析和设计测试用例。分别考虑输入条件和输出条件，以及边界条件。表 3-11 列出了输入条件及相应的测试用例。

表 3-11　测 试 用 例 表

输 入 条 件	测 试 用 例
输入文件	空输入文字
标题	没有标题 标题只有一个字符 标题有 80 个字符
试题数	试题数为 1 试题数为 50 试题数为 51 试题数为 100 试题数为 0 试题数含有非数字字符
标准答案记录	没有标准答案记录，有标题 标准答案记录多于一个 标准答案记录少一个
学生人数	0 个学生 1 个学生 200 个学生 201 个学生
学生答题	某学生只有一个回答记录，但有两个标准答案记录 该学生是文件中的第一个学生 该学生是文件中的最后一个学生(记录数出错的学生) 某学生有两个回答记录，但只有一个标准答案记录 该学生是文件中的第一个学生(记录数出错的学生) 该学生是文件中的最后一个学生
学生成绩	所有学生的成绩都相等 每个学生的成绩都不相等 部分学生的成绩相同 (检查是否能按成绩正确排名次) 有个学生 0 分 有个学生 100 分

表 3-12 为输出条件及测试用例表。

表 3-12　带输出条件的测试用例表

输　出　条　件	测　试　用　例
输出报告 a、b	有个学生的学号最小(检查按序号排序是否正确)
	有个学生的学号最大(检查按序号排序是否正确)
	适当的学生人数，使产生的报告刚好满一页(检查打印页数)
	学生人数比刚才多出 1 人(检查打印换页)
输出报告 c	平均成绩 100
	平均成绩 0
	标准偏差为最大值(有一半 0 分，其他 100 分)
	标准偏差为 0(所有成绩相等)
输出报告 d	所有学生都答对了第一题
	所有学生都答对了第一题
	所有学生都答对了最后一题
	所有学生都答错了最后一题
	选择适当的试题数，使第四个报告刚好打满一页
	试题数比刚才多 1，使报告打满一页后，刚好剩下一题未打

解答二：采用错误推测法还可补充设计一些测试用例。

(1) 程序是否把空格作为回答。

(2) 在回答记录中混有标准答案记录。

(3) 除了标题记录外，还有一些记录的最后一个字符既不是 2 也不是 3。

(4) 有两个学生的学号相同。

3.6.2　基于接口的测试

基于接口的测试根据模块和它们相互关系的特性选择测试数据。

(1) 输入域测试。

(2) 特殊值测试。

(3) 输出域测试。

3.6.3　基于故障的测试

基于故障的测试目标就是要证明某个规定的故障不存在于代码中。

基于故障的测试策略是假设一组可能会出现的故障，然后设计测试用例去证明每个假设。

3.6.4　基于风险的测试

基于风险的测试是指评估测试的优先级，先做高优先级的测试，如果时间或精力不够，低优先级的测试可以暂时不做。如图 3.14 所示，横轴代表影响，纵轴代表概率，根据一个软件的特点来确定：如果一个功能出了问题，它对整个产品的影响有多大，这个功能出问题的概率有多大；如果出问题的概率很大，出了问题对整个产品的影响也很大，那么在测试时就一定要覆盖到。对于一个用户很少用到的功能，出问题的概率很小，就算出了问题影响也不是很大，那么如果时间比较紧的话，就可以考虑不测试。

高可能性 低影响	高可能性 中等影响	高可能性 高影响
中等可能性 低影响	中等可能性 中等影响	中等可能性 高影响
低可能性 低影响	低可能性 中等影响	低可能性 高影响

可能性

影响

图 3.14　基于风险测试法结构示意图

3.6.5　比较测试

比较测试是指通过与竞争伙伴产品的比较(如软件的弱点、优点或实力)来取长补短，以增强产品的竞争力。

3.7　测试用例的编写

测试用例编写的好坏，是决定是否达到测试目标的标准。即使在小型软件项目上，也可能有数千个测试用例。测试用例可能需要测试员经过几个月甚至几年的时间才能建立。正确地计划组织好用例，可使全体测试员和其他项目小组有效地审查和使用。在项目期间有必要多次执行同样的测试，寻找新的软件缺陷，保证老的软件缺陷得以修复。假如没有正确的计划，就不可能知道需要执行哪个测试用例，原有的测试是否得到重复。有时我们需要回答整个项目的重要问题。例如，计划执行多少个测试用例？在软件最终版本上执行多少个测试用例？多少个通过？多少个失败？是否忽略测试用例？所以在编写测试用例之前必须先做好计划。

测试用例的编写遵照 ANSI/IEEE 892 标准，包括：

1) 用例标识

用例标识是用于引用和定位测试说明的唯一标识符，俗称用例标号。

2) 用例名称

用例名称是描述被测试系统或模板的名称。

3) 用例状态

用例状态用于标记此状态是通过、失败等信息。

4) 用例描述

用例描述用于详细描述测试的步骤及预期结果。

以上是一个测试用例应该包括的基本内容，为了方便跟踪和管理用例的执行过程、状态，还应包括设计日期、设计人员、评审员、是否覆盖需求等内容。

测试用例因每个公司的标准习惯及软件的特性不同，其编写式样也会不同。其样板如表 3-13 所示。

表 3-13　用 例 样 板

软件名称	EMS		模块名称	登录功能	
设计者	X		创建日期	2017-10-12	
设计状态	已完成	用例类型	手工	版本	1.0
审阅人	XXX	审阅日期	2017-10-28	权重	1
对测试用例进行描述，内容包括但不限于以下内容： • 测试用例描述 • 测试环境 • 性能要求 • 界面规格 • 特并提示、注意事项					
目的	测试用例的描述				
前提条件	执行该测试用例有无前提条件？如果有，则列出前提条件				
编号	测试步骤及输入			预期结果	
EMS0001	…			…	
EMS0002	…			…	
覆盖需求	这里填写所覆盖的所有需求编号				
执行状态	Pass / Fail		关联缺陷		
变更记录					
版本	修改内容	修订人	修改日期	审核人	批准人
1.1	…	Patrick	2017-10-23	XXX	XXX

习题与思考 ✍

1．黑盒测试的最大问题是什么？

2．为什么了解代码的执行方式会影响测试的方式或内容？

3．健壮等价类测试与标准等价类测试的主要区别是什么？

4．启动 Word 程序并从 File 菜单中选择 Print 命令，打开打印对话框，左下角显示的 Print Range(打印区域)存在什么样的边界条件？

5．试为三角形问题中的直角三角形开发一个决策表和相应的测试用例。注意，会有等腰直角三角形。

第 4 章　白　盒　测　试

学习目标

(1) 理解白盒测试的过程与任务;

(2) 熟悉白盒测试中的逻辑覆盖测试法;

(3) 掌握基本路径测试法;

(4) 掌握白盒测试用例的编写方式。

白盒测试方法的突出特点是基于被测程序的源代码,而不是软件的规格说明。和其他软件测试技术相比,白盒测试方法更容易发现软件故障。本章将介绍几种常见的白盒测试方法,如逻辑覆盖、基本路径测试法等,其中多数方法比较成熟,也有较高的实用价值,个别方法存在一定的局限性。

4.1　白盒测试简介

白盒测试又称结构测试、透明盒测试、逻辑驱动测试、基于代码的测试。其中,盒子指被测试的软件,白盒指盒子是可视的。白盒测试是一种测试用例设计方法,测试人员依据程序内部逻辑结构相关信息,设计或选择测试用例。白盒测试主要针对被测程序的源代码,主要用于软件验证,不考虑软件的功能实现,只验证内部动作是否按照设计说明书的规定进行。

1. 白盒测试的目的

白盒测试通过检查软件内部的逻辑结构,对软件中的逻辑路径进行覆盖测试,同时在程序不同地方设立检查点,检查程序的状态,以确定实际运行状态与预期状态是否一致。其测试目的如下:

(1) 保证一个模块中的所有独立路径至少被使用一次。

(2) 对所有逻辑值均需测试 TRUE 和 FALSE。

(3) 在上下边界及可操作范围内运行所有循环。

(4) 检查内部数据结构以确保其有效性。

2. 白盒测试的特点

白盒测试依据软件设计说明书进行测试,对程序内部细节进行严密检验并针对特定条件设计测试用例，对软件的逻辑路径进行覆盖测试。

白盒测试的优点如下：

(1) 迫使测试人员去仔细思考软件的实现。

(2) 可检测代码中的每条分支和路径。

(3) 可揭示隐藏在代码中的错误。

(4) 对代码的测试比较彻底。

(5) 最优化。

白盒测试的缺点如下：

(1) 昂贵。

(2) 无法检测代码中遗漏的路径和数据敏感性错误。

(3) 不验证规格的正确性。

3．白盒测试的实施步骤

(1) 测试计划阶段：根据需求说明书，制定测试进度。

(2) 测试设计阶段：依据程序设计说明书，按照一定规范化的方法进行软件结构划分和设计测试用例。

(3) 测试执行阶段：输入测试用例，得到测试结果。

(4) 测试总结阶段：对比测试的结果和代码的预期结果，分析错误原因，找到并解决错误。

4．白盒测试的方法

白盒测试的方法总体上分为静态分析和动态分析两大类。

静态分析是一种不通过执行程序而进行测试的技术。静态分析的关键功能是检查软件的表示和描述是否一致，没有冲突或者没有歧义。

动态分析的主要特点是当软件系统在模拟的或真实的环境中执行之前、之中和之后，对软件系统行为进行分析。动态分析包含了程序在受控的环境下使用特定的期望结果进行正式的运行。它显示了一个系统在检查状态下是正确还是不正确。在动态分析技术中，最重要的技术是路径和分支测试。后面要介绍的六种覆盖测试方法属于动态分析方法。

4.2 白盒测试过程

一般认为白盒测试应紧接在编码之后，当源程序编制完成并通过复审和编译检查后，便可开始单元测试。测试用例的设计应与复审工作相结合，根据设计信息选取测试数据，将增大发现上述各类错误的可能性。在确定测试用例的同时，应给出期望结果。

应为测试模块开发一个驱动模块(Driver)和若干个桩模块(Stub)，图4.1给出了一般白盒测试的环境。驱动模块在大多数场合称为"主程序"，它接收测试数据并将这些数据传递到被测试模块，被测试模块被调用后，"主程序"打印"进入/退出"消息。

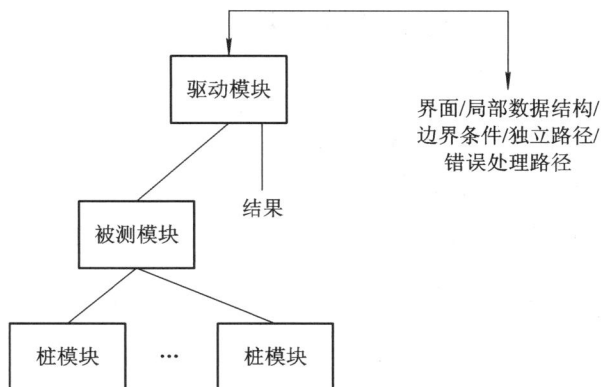

图 4.1 白盒测试环境

驱动模块和桩模块是测试使用的软件，而不是软件产品的组成部分，但它需要一定的开发费用。若驱动模块和桩模块比较简单，实际开销相对低些。遗憾的是，仅用简单的驱动模块和桩模块不能完成某些模块的测试任务，这些模块的白盒测试只能采用下面讨论的综合测试方法。

提高模块的内聚度可简化单元测试，如果每个模块只能完成一个，则所需测试用例数目将显著减少，模块中的错误也更容易被发现。

4.3 白盒测试任务

白盒测试的任务主要包括以下几个方面。

1．模块接口测试

模块接口测试是白盒测试的基础。只有在数据能正确流入、流出模块的前提下，其他测试才有意义。测试接口正确与否应该考虑下列因素：

(1) 输入的实际参数与形式参数的个数是否相同；

(2) 输入的实际参数与形式参数的属性是否匹配；

(3) 输入的实际参数与形式参数的量纲是否一致；

(4) 调用其他模块时所给实际参数的个数是否与被调模块的形参个数相同；

(5) 调用其他模块时所给实际参数的属性是否与被调模块的形参属性匹配；

(6) 调用其他模块时所给实际参数的量纲是否与被调模块的形参量纲一致；

(7) 调用预定义函数时所用参数的个数、属性和次序是否正确；

(8) 是否存在与当前入口点无关的参数引用；

(9) 是否修改了只读型参数；

(10) 对全程变量的定义各模块是否一致；

(11) 是否把某些约束作为参数传递。

如果模块内包括外部输入/输出，还应该考虑下列因素：

(1) 文件属性是否正确；

(2) OPEN/CLOSE 语句是否正确；

(3) 格式说明与输入/输出语句是否匹配；

(4) 缓冲区大小与记录长度是否匹配；

(5) 文件使用前是否已经打开；

(6) 是否处理了文件尾；

(7) 是否处理了输入/输出错误；

(8) 输出信息中是否有文字性错误。

2．模块局部数据结构测试

检查局部数据结构是为了保证临时存储在模块内的数据在程序执行过程中完整、正确。局部数据结构往往是错误的根源，应仔细设计测试用例，力求发现下面几类错误：

(1) 不合适或不相容的类型说明；

(2) 变量无初值；

(3) 变量初始化或缺省值有错；

(4) 不正确的变量名(拼错或不正确的截断)；

(5) 出现上溢、下溢和地址异常。

3．模块边界条件测试

除了局部数据结构外，如果可能，单元测试时还应该查清全局数据(例如 FORTRAN 的公用区)对模块的影响。

4．模块中所有独立执行通路测试

在模块中应对每一条独立执行路径进行测试，白盒测试的基本任务是保证模块中每条语句至少执行一次。设计测试用例是为了发现因错误计算、不正确的比较和不适当的控制流造成的错误。基本路径测试和循环测试是最常用且最有效的测试技术。计算中常见的错误包括：

(1) 误解或用错了运算符优先级；

(2) 混合类型运算；

(3) 变量初值错；

(4) 精度不够；

(5) 表达式符号错。

比较判断与控制流常常紧密相关，测试用例还应致力于发现下列错误：

(1) 不同数据类型的对象之间进行比较；

(2) 错误地使用逻辑运算符或优先级；

(3) 因计算机表示的局限性，期望理论上相等而实际上不相等的两个量相等；

(4) 比较运算或变量出错；

(5) 循环终止条件或不可能出现；

(6) 迭代发散时不能退出；

(7) 错误地修改了循环变量。

5．模块的各条错误处理通路测试

一个好的设计应能预见各种出错条件，并预设各种出错处理通路。出错处理通路同样需要认真测试，测试应着重检查下列问题：

(1) 输出的出错信息难以理解；

(2) 记录的错误与实际遇到的错误不相符；

(3) 在程序自定义的出错处理段运行之前，系统已介入；

(4) 异常处理不当；

(5) 错误陈述中未能提供足够的定位出错信息。

边界条件测试是白盒测试中最后也是最重要的一项任务。众所周知，软件经常在边界上失效，采用边界值分析技术，针对边界值及其左、右设计测试用例，很有可能发现新的错误。

4.4 逻 辑 覆 盖

4.4.1 覆盖率的概念

覆盖率是用于度量测试完整性的一个手段。覆盖率的种类有很多，经常接触到的覆盖率是逻辑覆盖。现在有越来越多的测试工具能够支持测试的覆盖率度量。但是，这些度量本身并不包含测试技术，它们只是测试技术有效性的一个度量。

覆盖率可以通过一个比率公式来表示：

$$覆盖率 = \frac{被执行到的项数}{总项数} \times 100\%$$

公式中的"项"视不同情况而定，对于具体准则可定义它的语义。

覆盖率对软件测试有着非常重要的作用。通过覆盖率数据，可以知道测试是否充分，测试的弱点在哪些方面，进而指导我们设计能够增加覆盖率的测试用例。这样就能够有效地提高测试质量，避免设计无效的测试用例。

4.4.2 逻辑覆盖测试法

逻辑覆盖是以程序内部的逻辑结构为基础的设计测试用例的技术，它属于白盒测试。这一测试方法要求测试人员对程序的逻辑结构有清楚的了解，甚至要能掌握源代码的所有细节。

为了下文的举例描述方便，这里先给出一张程序流程图，如图 4.2 所示。

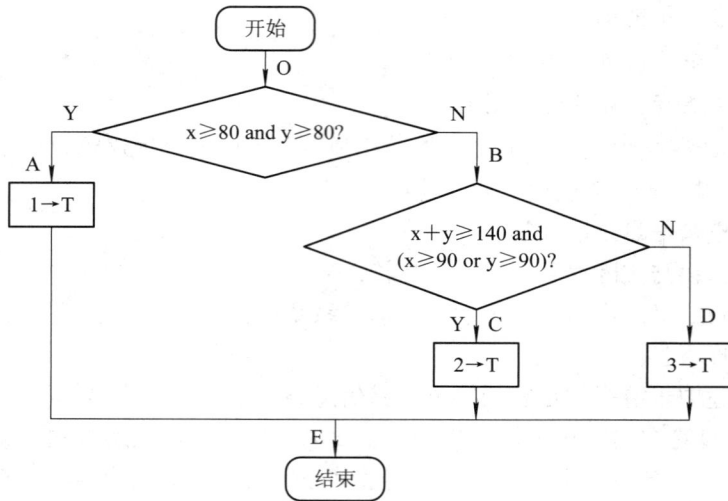

图 4.2　程序流程图

1．语句覆盖

1) 主要特点

语句覆盖是最起码的结构覆盖要求，语句覆盖要求设计足够多的测试用例，使得程序中每条语句至少被执行一次。

(1) 优点：可以很直观地从源代码得到测试用例，无需细分每条判定表达式。

(2) 缺点：这种测试方法仅仅针对程序逻辑中显式存在的语句，对于隐藏的条件和可能到达的隐式逻辑分支，是无法测试的。如果去掉语句 1→T，那么就少了一条测试路径。在 if 结构中，若源代码没有给出 else 后面的执行分支，那么语句覆盖测试就不会考虑这种情况。再如，在 do-while 结构中，语句覆盖执行其中某一个条件分支，那么显然，语句覆盖对于多分支的逻辑运算是无法全面反映的，它只运行一次，而不考虑其他情况。

2) 用例设计

如果此时将 A 路径上的语句 1→T 去掉，那么用例如表 4-1 所示。

表 4-1　语句覆盖测试用例表

	X	Y	路　径
1	50	50	O-B-D-E
2	90	70	O-B-C-E

2．判定覆盖

1) 主要特点

判定覆盖又称为分支覆盖，它要求设计足够多的测试用例，使得程序中每个判定至少有一次为真值，有一次为假值，即程序中的每个分支至少执行一次。每个判断的取真、取假至少执行一次。

(1) 优点：判定覆盖比语句覆盖要多几乎一倍的测试路径，当然也就具有比语句覆盖更强的测试能力。同样，判定覆盖也和语句覆盖一样简捷，无需细分每个判定就可以得到测试用例。

(2) 缺点：往往大部分的判定语句是由多个逻辑条件组合而成的(如判定语句中包含 AND、OR、CASE)，若仅仅判断其整个最终结果，而忽略每个条件的取值情况，必然会遗漏部分测试路径。

2) 用例设计

判定覆盖测试用例如表 4-2 所示。

表 4-2　判定覆盖测试用例表

	X	Y	路　径
1	90	90	O-A-E
2	50	50	O-B-D-E
3	90	70	O-B-C-E

3. 条件覆盖

1) 主要特点

条件覆盖要求设计足够多的测试用例，使得判定中的每个条件获得各种可能的结果，即每个条件至少有一次为真值，有一次为假值。

(1) 优点：条件覆盖比判定覆盖增加了对符合判定情况的测试及测试路径。

(2) 缺点：要达到条件覆盖，需要足够多的测试用例，但条件覆盖并不能保证判定覆盖。条件覆盖只能保证每个条件至少有一次为真，而不考虑所有的判定结果。

2) 用例设计

条件覆盖测试用例如表 4-3 所示。

表 4-3　条件覆盖测试用例表

	X	Y	路　径
1	90	70	O-B-C
2	40		O-B-D

4. 判定/条件覆盖

1) 主要特点

判定/条件覆盖要求设计足够多的测试用例，使得判定中每个条件的所有可能结果至少出现一次，每个判定本身所有可能结果也至少出现一次。

(1) 优点：判定/条件覆盖满足判定覆盖准则和条件覆盖准则，弥补了二者的不足。

(2) 缺点：判定/条件覆盖准则未考虑条件的组合情况。

2) 用例设计

判定/条件覆盖测试用例如表 4-4 所示。

表 4-4　判定/条件覆盖测试用例表

	X	Y	路　径
1	90	90	O-A-E
2	50	50	O-B-D-E
3	90	70	O-B-C-E
4	70	90	O-B-C-E

5．组合覆盖

1) 主要特点

组合覆盖也叫做条件组合覆盖，要求设计足够多的测试用例，使得每个判定中条件结果的所有可能组合至少出现一次。

(1) 优点：条件组合覆盖能够同时满足判定、条件和判定/条件覆盖，覆盖率较高。

(2) 缺点：线性地增加了测试用例的数量。

2) 用例设计

组合覆盖测试用例如表 4-5 所示。

表 4-5　组合覆盖测试用例表

	X	Y	路　径
1	90	90	O-A-E
2	90	70	O-B-C-E
3	90	30	O-B-D-E
4	70	90	O-B-C-E
5	30	90	O-B-D-E
6	70	70	O-B-D-E
7	50	50	O-B-D-E

6．路径覆盖

1) 主要特点

路径覆盖要求设计足够多的测试用例，以覆盖程序中所有可能的路径。

(1) 优点：这种测试方法可以对程序进行彻底的测试，比前面 5 种的覆盖面都广。

(2) 缺点：由于路径覆盖需要对所有可能的路径进行测试(包括循环、条件组合、分支选择等)，那么需要设计大量、复杂的测试用例，使得工作量呈指数级增长。而在有些情况下，一些执行路径是不可能被执行的，如：

```
if (!A)  B++;
if (!A)  D--;
```

这两个语句实际只包括了 2 条执行路径，即 A 为真或假时对 B 和 D 的处理，真或假不可能都存在，而路径覆盖测试则认为包含了真与假的 4 条执行路径。这样不仅降低了测试效率，而且大量测试结果的累积也为排错带来了麻烦。

2) 用例设计

路径覆盖测试用例如表 4-6 所示。

表 4-6 路径覆盖测试用例表

	X	Y	路 径
1	90	90	O-A-E
2	50	50	O-B-D-E
3	90	70	O-B-C-E
4	70	90	O-B-C-E

4.5 逻辑覆盖测试用例设计举例

在覆盖率测试中我们将使用一个计算器的程序示例，该程序用 C++语言编写，实现整数与浮点数的四则运算功能，其界面如图 4.3 所示。

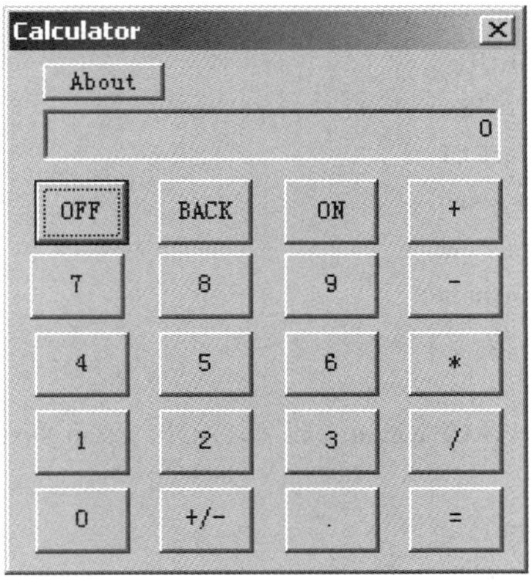

图 4.3 计算器的程序示例界面

1．测试环境

1) 硬件

普通 PC；

CPU：酷睿 i3；

内存：2 GB；

硬盘：1 TB。

2) 软件

操作系统：Windows 2003 Professional 中文版；

编译系统：Visual Studio 7.0。

2．测试工具

我们使用 Applied Microsystems Corporation 公司的 CodeTest 3.5 作为测试工具，但由于篇幅所限，将针对其中的一个主要函数"CCacl2Dlg::OnGo()"设计测试用例，该函数响应用户点击按钮"="的操作，完成计算功能。

该函数代码如下：

```
void CCacl2Dlg：：OnGo()
{
    if(m_sfmf == TRUE && m_sfms == TRUE && m_sfmfun == TRUE)        //1
    {
        if(m_mfun == 1)                                             //2
            m_result = m_mfir + m_msec;                             //3
        else if(m_mfun == 2)                                       //4
            m_result = m_mfir - m_msec;                            //5
        else if(m_mfun == 3)                                       //6
            m_result = m_mfir * m_msec;                            //7
        else if(m_mfun == 4)                                       //8
            m_result = m_mfir / m_msec;                            //9
        m_sfmf = TRUE;                                             //10
        m_sfms = TRUE;
        m_sfmfun = TRUE;
        m_mfir = m_result;
        m_msec = m_msec;
        m_mfun = m_mfun;
    }

    else if(m_sfmf == TRUE && m_sfms == FALSE && m_sfmfun == FALSE) //11
    {
        if(m_fun == 1)                                             //12
            m_result = m_mfir + m_second;                          //13
        else if(m_fun == 2)                                        //14
            m_result = m_mfir - m_second;                          //15
        else if(m_fun == 3)                                        //16
            m_result = m_mfir * m_second;                          //17
        else if(m_fun == 4)                                        //18
            m_result = m_mfir / m_second;                          //19
        m_sfmf = TRUE;                                             //20
        m_sfms = TRUE;
        m_sfmfun = TRUE;
        m_mfir = m_result;
        m_msec = m_second;
```

```
            m_mfun = m_fun;
    }
    else if(m_sfmf = TRUE && m_sfms == TRUE && m_sfmfun == FALSE)        //21
    {
            m_second = m_mfir;                                           //22
            if(m_fun == 1)                                              //23
                    m_result = m_mfir + m_second;                      //24
            else if(m_fun == 2)                                        //25
                    m_result = m_mfir - m_second;                      //26
            else if(m_fun == 3)                                        //27
                    m_result = m_mfir * m_second;                      //28
            else if(m_fun == 4)                                        //29
                    m_result = m_mfir / m_second;                      //30
            m_sfmf = TRUE;                                             //31
            m_sfms = TRUE;
            m_sfmfun = TRUE;
            m_mfir = m_result;
            m_msec = m_second;
            m_mfun = m_fun;
    }

    else if(m_sfmf == FALSE && m_sfms == FALSE && m_sfmfun == FALSE)     //32
    {
            if(m_EnterSec == FALSE)                                    //33
                    m_second = m_first;                               //34
            if(m_fun == 1)                                            //35
                    m_result = m_first + m_second;                    //36
            else if(m_fun == 2)                                      //37
                    m_result = m_first - m_second;                    //38
            else if(m_fun == 3)                                      //39
                    m_result = m_first * m_second;                    //40
            else if(m_fun == 4)                                      //41
                    m_result = m_first / m_second;                    //42
            m_sfmf = TRUE;                                           //43
            m_sfms = TRUE;
            m_sfmfun = TRUE;
            m_mfir = m_result;
            m_msec = m_second;
            m_mfun = m_fun;
    }
    m_x = m_result;                                                     //44
```

```
UpdateData(FALSE);
m_first = 0;
m_second = 0.0;
m_firstz = 0;
m_firstx = 0.0;
m_secondz = 0;
m_secondx = 0.0;
m_firx = FALSE;
m_secx = FALSE;
m_firxw = 0;
m_secxw = 0;
m_firzorf = 1;
m_seczorf = 1;
m_ForS = 1;
m_EnterSec = FALSE;
}
```

在覆盖率测试中，我们按照 100% 路径覆盖的要求设计测试用例，这样可以保证代码中所有的语句得到执行。

4.5.1 测试用例设计

测试用例的步骤如下：

1. 以源代码为基础，导出程序的控制流图

根据源代码，导出如图 4.4 所示的控制流图。

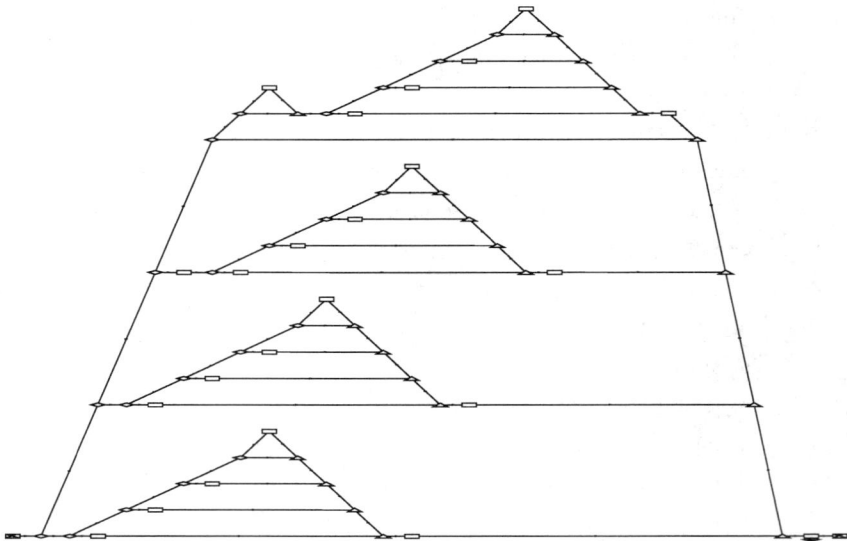

图 4.4 控制流图 1

2．计算得到的控制流图 G 的环路复杂性 V(G)

利用在前面给出的计算控制流图环路复杂性的方法，可以算出

$$V(G) = 22(区域数) = 21(判断节点数) + 1 = 22$$

3．确定线性无关的路径的基本集

将图 4.4 中所示的各节点加入对应编号，得到如图 4.5 所示的控制流图。

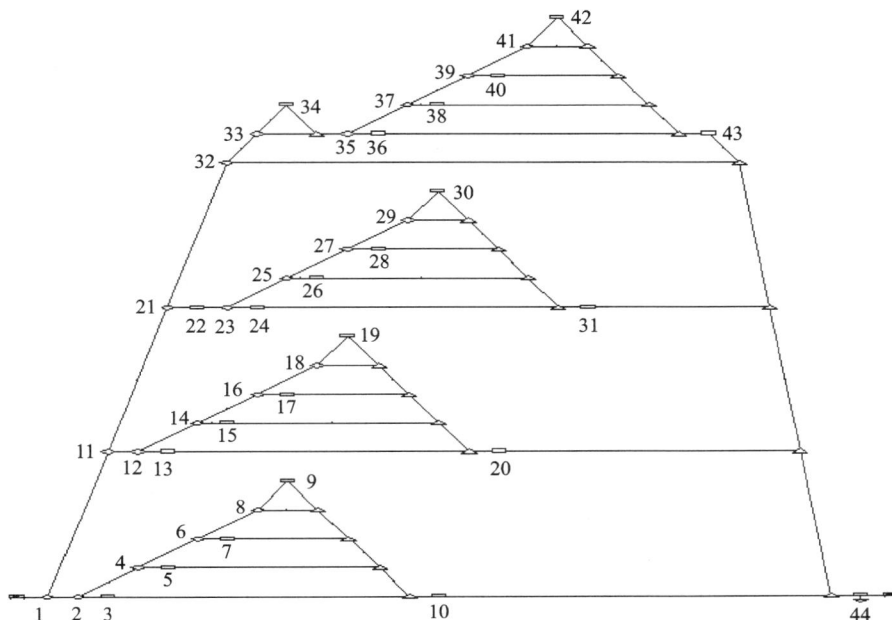

图 4.5　控制流图 2

其中节点 1、2、4、6、8、11、12、14、16、18、21、23、25、27、29、32、33、35、37、39 和 41 为判断节点，节点编号与判断表达式对应关系如表 4-7 所示。

表 4-7　节点编号与判断表达式对应关系

节点编号	判 断 表 达 式
1	m_sfmf == TRUE && m_sfms == TRUE && m_sfmfun == TRUE
11	m_sfmf == TRUE && m_sfms == FALSE && m_sfmfun == FALSE
21	m_sfmf = TRUE && m_sfms == TRUE && m_sfmfun == FALSE
32	m_sfmf == FALSE && m_sfms == FALSE && m_sfmfun == FALSE
33	m_EnterSec == FALSE
2、12、23、35	m_mfun == 1
4、14、25、37	m_mfun == 2
6、16、27、39	m_mfun == 3
8、18、29、41	m_mfun == 4

由图 4-5 可知，22 条线性无关的基本路径为表 4-8 所示的路径。

表 4-8 基 本 路 径

序号	执 行 路 径
1	1-2-3-10-44
2	1-2-4-5-10-44
3	1-2-4-6-7-10-44
4	1-2-4-6-8-9-10-44
5	1-2-4-6-8-10-44
6	1-11-12-13-20-44
7	1-11-12-14-15-20-44
8	1-11-12-14-16-17-20-44
9	1-11-12-14-16-18-19-20-44
10	1-11-12-14-16-18-20-44
11	1-11-21-22-23-24-31-44
12	1-11-21-22-23-25-26-31-44
13	1-11-21-22-23-25-27-28-31-44
14	1-11-21-22-23-25-27-29-30-31-44
15	1-11-21-22-23-25-27-29-31-44
16	1-11-21-32-44
17	1-11-21-32-33-34-35-36-43-44
18	1-11-21-32-33-35-36-43-44
19	1-11-21-32-33-34-35-37-38-43-44
20	1-11-21-32-33-34-35-37-39-40-43-44
21	1-11-21-32-33-34-35-37-39-41-42-43-44
22	1-11-21-32-33-34-35-37-39-41-43-44

4. 生成测试用例，确保基本路径集中每条路径的执行

根据各路径的执行过程，得到各判断节点取值，如表 4-9 所示。

表 4-9 判断节点取值

序号	执 行 路 径	判断节点取值
1	1-2-3-10-44	1：TRUE 2：TRUE
2	1-2-4-5-10-44	1：TRUE 2：FALSE 4：TRUE
3	1-2-4-6-7-10-44	1：TRUE 2：FALSE 4：FALSE 6：TRUE

续表一

序号	执 行 路 径	判断节点取值
4	1-2-4-6-8-9-10-44	1：TRUE 2：FALSE 4：FALSE 6：FALSE 8：TRUE
5	1-2-4-6-8-10-44	1：TRUE 2：FALSE 4：FALSE 6：FALSE 8：FALSE
6	1-11-12-13-20-44	1：FALSE 11：TRUE 12：TRUE
7	1-11-12-14-15-20-44	1：FALSE 11：TRUE 12：FALSE 14：TRUE
8	1-11-12-14-16-17-20-44	1：FALSE 11：TRUE 12：FALSE 14：FALSE 16：TRUE
9	1-11-12-14-16-18-19-20-44	1：FALSE 11：TRUE 12：FALSE 14：FALSE 16：FALSE 18：TRUE
10	1-11-12-14-16-18-20-44	1：FALSE 11：TRUE 12：FALSE 14：FALSE 16：FALSE 18：FALSE
11	1-11-21-22-23-24-31-44	1：FALSE 11：FALSE 21：TRUE 23：TRUE
12	1-11-21-22-23-25-26-31-44	1：FALSE 11：FALSE 21：TRUE 23：FALSE 25：TRUE
13	1-11-21-22-23-25-27-28-31-44	1：FALSE 11：FALSE 21：TRUE 23：FALSE 25：FALSE 27：TRUE

序号	执 行 路 径	判断节点取值
14	1-11-21-22-23-25-27-29-30-31-44	1：FALSE 11：FALSE 21：TRUE 23：FALSE 25：FALSE 27：FALSE 29：TRUE
15	1-11-21-22-23-25-27-29-31-44	1：FALSE 11：FALSE 21：TRUE 23：FALSE 25：FALSE 27：FALSE 29：FALSE
16	1-11-21-32-44	1：FALSE 11：FALSE 21：FALSE 32：FALSE
17	1-11-21-32-33-34-35-36-43-44	1：FALSE 11：FALSE 21：FALSE 32：TRUE 33：TRUE 35：TRUE
18	1-11-21-32-33-35-36-43-44	1：FALSE 11：FALSE 21：FALSE 32：TRUE 33：FALSE 35：TRUE
19	1-11-21-32-33-34-35-37-38-43-44	1：FALSE 11：FALSE 21：FALSE 32：TRUE 33：TRUE 35：FALSE 37：TRUE
20	1-11-21-32-33-34-35-37-39-40-43-44	1：FALSE 11：FALSE 21：FALSE 32：TRUE 33：TRUE 35：FALSE 37：FALSE 39：TRUE

续表三

序号	执 行 路 径	判断节点取值
21	1-11-21-32-33-34-35-37-39-41-42-43-44	1：FALSE 11：FALSE 21：FALSE 32：TRUE 33：TRUE 35：FALSE
22	1-11-21-32-33-34-35-37-39-41-42-43-44	37：FALSE 39：FALSE 41：TRUE
23	1-11-21-32-33-34-35-37-39-41-43-44	1：FALSE 11：FALSE 21：FALSE 32：TRUE 33：TRUE 35：FALSE 37：FALSE 39：FALSE 41：FALSE

根据表 4-9 和图 4-5，可以得到各判断节点中各子条件的取值，如表 4-10 所示(T 代表 TRUE，F 代表 FALSE)。

表 4-10　判断节点与输入条件

序号	判断节点	输 入 条 件
1	1：T	m_sfmf = T && m_sfms = T && m_sfmfun = T
	2：T	m_mfun = 1
2	1：T	m_sfmf = T && m_sfms = T && m_sfmfun = T
	2：F 4：T	m_mfun = 2
3	1：T	m_sfmf = T && m_sfms = T && m_sfmfun = T
	2：F 4：F 6：T	m_mfun = 3
4	1：T	m_sfmf = T && m_sfms = T && m_sfmfun = T
	2：F 4：F 6：F 8：T	m_mfun = 4
5	1：T	m_sfmf = T && m_sfms = T && m_sfmfun = T
	2：F 4：F 6：F 8：F	m_mfun 不等于 1、2、3、4
6	1：F 11：T	m_sfmf = F && m_sfms = T && m_sfmfun = T
	12：T	m_mfun = 1

序号	判断节点	输 入 条 件
7	1：F 11：T	m_sfmf = F && m_sfms = T && m_sfmfun = T
	12：F 14：T	m_mfun = 2
8	1：F 11：T	m_sfmf = F && m_sfms = T && m_sfmfun = T
	12：F 14：F 16：T	m_mfun = 3
9	1：F 11：T	m_sfmf = F && m_sfms = T && m_sfmfun = T
	12：F 14：F 16：F 18：T	m_mfun = 4
10	1：F 11：T	m_sfmf = F && m_sfms = T && m_sfmfun = T
	12：F 14：F 16：F 18：F	m_mfun 不等于 1、2、3、4
11	1：F 11：F 21：T	m_sfmf = T && m_sfms = T && m_sfmfun = F
	23：T	m_mfun = 1
12	1：F 11：F 21：T	m_sfmf = T && m_sfms = T && m_sfmfun = F
	23：F 25：T	m_mfun = 2
13	1：F 11：F 21：T	m_sfmf = T && m_sfms = T && m_sfmfun = F
	23：F 25：F 27：T	m_mfun = 3
14	1：F 11：F 21：T	m_sfmf = T && m_sfms = T && m_sfmfun = F
	23：F 25：F 27：F 29：T	m_mfun = 4

续表二

序号	判断节点	输 入 条 件			
15	1：F 11：F 21：T	m_sfmf = T && m_sfms = T && m_sfmfun = F			
	23：F 25：F 27：F 29：F	m_mfun 不等于 1、2、3、4			
16	1：F 11：F 21：F 32：F	可使用以下任意一组条件			
		m_sfmf = F m_sfms = T m_sfmfun = F	m_sfmf = F m_sfms = F m_sfmfun = T	m_sfmf = F m_sfms = T m_sfmfun = T	m_sfmf = T m_sfms = F m_sfmfun = T
17	1：F 11：F 21：F 32：T	m_sfmf = F && m_sfms = F && m_sfmfun = F			
	33：T	m_EnterSec = F			
	35：T	m_mfun = 1			
18	1：F 11：F 21：F 32：T	m_sfmf = F && m_sfms = F && m_sfmfun = F			
	33：F	m_EnterSec = T			
	35：T	m_mfun = 1			
19	1：F 11：F 21：F 32：T	m_sfmf = F && m_sfms = F && m_sfmfun = F			
	33：T	m_EnterSec = T			
	35：F 37：T	m_mfun = 2			
20	1：F 11：F 21：F 32：T	m_sfmf = F && m_sfms = F && m_sfmfun = F			
	33：T	m_EnterSec = T			
	35：F 37：F 39：T	m_mfun = 3			
21	1：F 11：F 21：F 32：T	m_sfmf = F && m_sfms = F && m_sfmfun = F			
	33：T	m_EnterSec = T			
	35：F 37：F 39：F 41：T	m_mfun = 4			

序号	判断节点	输 入 条 件
22	1：F 11：F 21：F 32：T	m_sfmf = F && m_sfms = F && m_sfmfun = F
	33：T	m_EnterSec = T
	35：F 37：F 39：F 41：F	m_mfun 不等于 1、2、3、4

4.5.2　测试结果分析

按照表 4-10 设计测试用例并进行测试后，对其代码覆盖结果进行分析，得出如下结果：当完成 100%的路径覆盖时，将同时实现 100%的语句判定、逻辑判定、条件判定和条件判定组合覆盖；在测试路径 16 时，如果将表中所列的 4 种输入条件都设计出测试用例，还将同时实现 100%的多条件覆盖和多条件判定组合覆盖。

4.6　基本路径测试法

4.6.1　基本路径测试法简介

基本路径测试法包括 4 个步骤，即画出控制流图、计算圈复杂度、导出独立路径和设计测试用例。在程序控制流图的基础上，通过分析程序的环路复杂性，导出基本可执行路径集合，从而设计测试用例。设计出的测试用例要保证在测试中程序的每个可执行路径至少执行一次。下面举例具体说明这 4 个步骤。

4.6.2　基本路径测试法举例

例　有下面的 C 函数，用基本路径测试法进行测试，程序流程图如图 4.6 所示。

```
void    Sort(int iRecordNum，int iType)
1：{
2：    int x=0;
3：    int y=0;
4：    while (iRecordNum-->0)
5：    {
6：        if(0= =iType)
7：        {x=y+2;break;}
8：        else
9：            if(1= =iType)
```

```
10:          x=y+10;
11:          else
12:              x=y+20;
13:      }
14:}
```

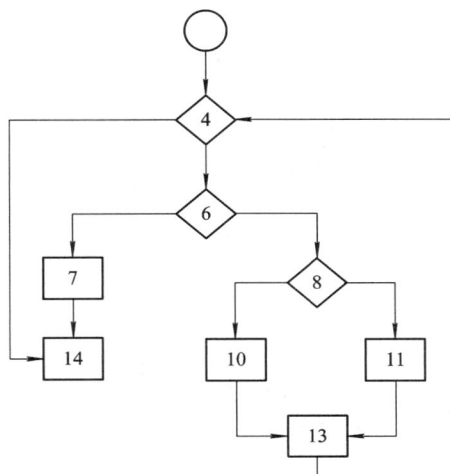

图 4.6　程序流程图

1．画出控制流图

可将流程图映射到一个相应的流图。

程序的控制流图是对程序流程图的简化，它可以更加突出地描述程序控制流的结构。流图只有两种图形符号：圆圈和箭头。圆圈称为流图的节点，代表一个或多个语句，流程图中一个处理方框或一个菱形判断框可被映射为一个节点。箭头称为边或连接，代表控制流，类似于流程图中的箭头。一条边必须终止于一个节点，即使该节点并不代表任何语句。由边和节点限定的范围称为区域，计算区域时应包括图外部的范围，如图 4.7 所示。

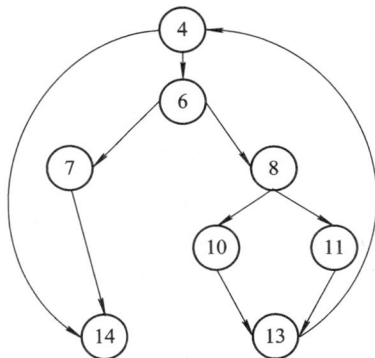

图 4.7　控制流图

如果判断中的条件表达式是由一个或多个逻辑运算符(or、and)连接的复合条件表达式，则要为每个条件创建一个独立的节点，包含条件的节点被称为判定节点，一个判定节点发出两条或多条边。例如：

```
if a or b
x
else
y
```

其对应的逻辑如图 4.8 所示。

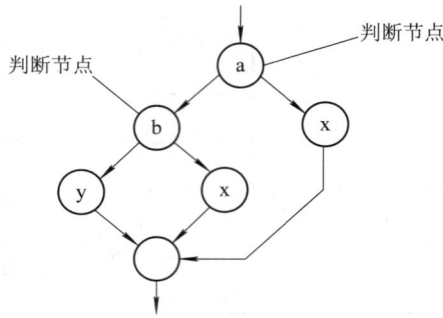

图 4.8　判断节点

2．计算圈复杂度

圈复杂度也称为环形复杂度、程序环境复杂度，是一种为程序逻辑复杂性提供定量测度的软件度量，将该度量用于计算程序的基本的独立路径数目，以确保所有路径至少执行一次的测试数量的上界。一般通过对控制流图的分析和判断来计算环形复杂度，具体可采用以下三种方法来计算圈复杂度：

(1) 流图中区域的数量对应于环形的复杂性。

(2) 给定流图 G 的圈复杂度 V(G)，定义为 V(G)=E−N+2，E 是流图中边的数量，N 是流图中节点的数量。

(3) 给定流图 G 的圈复杂度 V(G)，定义 V(G)=P+1，P 是流图 G 中判定节点的数量。

对应图 4.9 中的圈复杂度，计算如下：

(1) 流图中有 4 个区域；

(2) V(G)=10 条边−8 节点+2=4；

(3) V(G)=3 个判定节点+1=4。

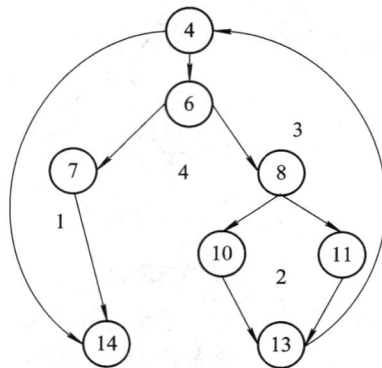

图 4.9　圈复杂度

3．导出独立路径

从程序的环形复杂度可导出程序的独立路径条数。

一条独立路径是指，和其他的独立路径相比，程序中至少引进一个新的处理语句集合或一个新判断条件的程序通路，即独立路径必须至少包含一条在定义路径之前不曾用到的边。如果只是已有路径的简单合并，并未包含任何新边，则不是独立路径。

此例可得出 4 条独立的路径。V(G)值正好等于该程序的独立路径的条数。

路径 1：4-14；

路径 2：4-6-7-14；

路径 3：4-6-8-10-13-4-14；

路径 4：4-6-8-11-13-4-14。

4．设计测试用例

根据独立路径来设计输入数据，使程序分别执行到上面 4 条路径。

为了确保基本路径集中的每一条路径的执行，根据判断节点给出的条件，选择适当的数据以保证某一条路径被测试到。满足上面例子基本路径集的测试用例如下：

路径 1：4-14。

输入数据：iRecordNum=0，或者取 iRecordNum<0 的某一个值。

预期结果：x=0。

路径 2：4-6-7-14。

输入数据：iRecordNum=1，iType=0。

预期结果：x=2。

路径 3：4-6-8-10-13-4-14。

输入数据：iRecordNum=1，iType=1。

预期结果：x=10。

路径 4：4-6-8-11-13-4-14。

输入数据：iRecordNum=1，iType=2。

预期结果：x=20。

习题与思考

1. 白盒测试的最大问题是什么？
2. 本章描述的几种代码覆盖中哪一种最好？为什么？
3. 常用的白盒测试方法有哪些？它们的共同点是什么？

第 5 章　软件测试过程

学习目标

(1) 了解软件测试过程;

(2) 正确理解单元测试的定义、内容、方法、目标,以及单元测试环境的建立和单元测试过程;

(3) 了解常用的单元测试工具;

(3) 正确理解集成测试的定义、目标、原则、策略以及集成测试过程;

(4) 正确理解系统测试的定义、目标、主要测试技术以及系统测试过程;

(5) 正确理解验收测试的定义、目标、主要内容、验收测试技术和测试数据。

5.1　软件测试过程概述

软件测试是有阶段性的,软件测试过程与软件开发周期有相对应的关系。从过程看,软件测试可分为单元测试、集成测试、系统测试、验收测试等一系列不同的测试阶段。

在传统开发过程中,测试不受重视,尤其在瀑布模型中,仅把它作为在需求分析、概要设计、详细设计及编码之后的一个阶段。

软件测试过程与软件开发过程应该是相对应的,V 模型(图 5.1)表示了软件开发与软件测试的这种对应关系。它反映了测试活动与分析和设计的关系,从左到右描述了基本的开发过程和测试行为,标明了测试工程中存在的不同级别,清楚地描述了这些测试阶段和开发过程期间各阶段的对应关系。

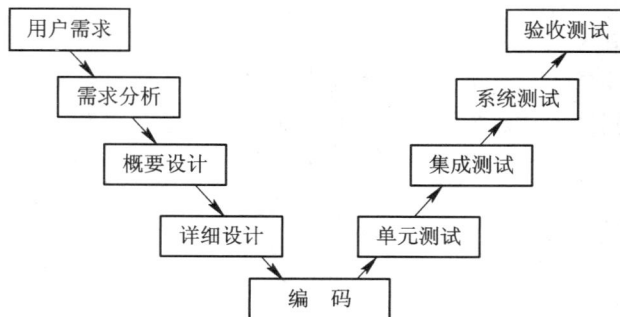

图 5.1　软件开发的 V 模型

最初的软件需求分析定义出软件的作用范围、信息域、功能、行为、性能、约束和验收标准，再进一步是概要设计、详细设计，然后是编程。在 V 模型中，单元测试是基于代码的测试，最初由开发人员执行，以验证其可执行程序代码的各个部分是否已达到了预期的功能要求；集成测试验证了多个单元之间的集成是否正确，并有针对性地对详细设计中所定义的各单元之间的接口进行检查；在所有单元测试和集成测试完成后，系统测试开始以客户环境模拟系统的运行，以验证系统是否达到了在概要设计中所定义的功能和性能，系统测试应检测系统功能、性能的质量特性是否达到了系统要求的指标；验收测试确定软件的实现是否满足用户需要或合同的要求。

目前，不同的团体和公司所采用的测试过程的名称千差万别，如代码测试、线程测试、确认测试、验证测试等。从总体来看，各个团体和公司根据自己的特点和习惯对测试过程作何称谓并不重要，真正重要的是要定义一个测试过程的范围和这个测试过程打算完成的任务，然后，制订一个标准和计划，确保任务的实现。

在本章中，我们一律采用由 IEEE 定义的测试过程名称：单元测试、集成测试、系统测试、验收测试。

5.2　单　元　测　试

5.2.1　单元测试定义

单元测试(Unit Testing)是指对软件中的最小可测试单元进行检查和验证。对于单元测试中单元的含义，一般来说，要根据实际情况判定其具体含义，如 C 语言中单元指一个函数；Java 里单元指一个类，也可指一个函数；图形化的软件中可以指一个窗口或一个菜单等。总的来说，单元就是人为规定的最小的被测功能模块。

在单元测试活动中，软件的独立单元将在与程序的其他部分相隔离的情况下进行测试，主要工作分为两个步骤：人工静态检查和动态执行跟踪。

单元测试的目标是检查每个模块是否正确地实现了设计说明书中的功能、性能、接口和其他设计约束要求，以确保每个单元都被正确地编码。单元测试的目标不仅是测试代码的功能性，还需确保代码在结构上的可靠性及健全性，并且能够在所有条件下正确响应。

单元测试需要达到以下一些具体目标：

(1) 信息能正确地流入和流出单元；

(2) 在单元工作过程中，其内部数据能否保持完整性，包括内部数据的形式、内容及相互关系不发生错误，也包括全局变量在单元中的处理和影响；

(3) 控制数据处理的边界能正确工作；

(4) 单元的运行能满足特定的逻辑覆盖；

(5) 对于单元中发生的错误，其出错处理措施是有效的。

5.2.2　单元测试内容

在单元测试时，测试者需要依据详细设计说明书和源程序清单，了解该模块的 I/O 条件和模块的逻辑结构，主要采用白盒测试的测试用例，辅之以黑盒测试的测试用例，使之对任何合理的输入和不合理的输入，都能够鉴别和响应。

单元测试的主要任务是解决 5 个方面的测试问题，包括模块接口测试、局部数据结构测试、路径测试、错误处理测试、边界测试，如图 5.2 所示。

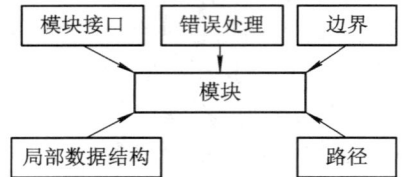

图 5.2　单元测试解决 5 个方面的问题

1．模块接口测试

对所测模块的数据流进行测试，是单元测试的基础。模块接口测试必须在任何其他测试之前进行，因为如果不能确保数据正确地输入和输出的话，所有的测试都是没有意义的。

(1) 针对模块接口测试进行的检查，主要涉及以下几方面的内容：

① 调用本模块的输入参数是否正确。

② 本模块调用子模块时输入给子模块的参数是否正确。

③ 输入的实际参数与形式参数的个数是否相同。

④ 调用标准函数的参数在个数、属性、顺序上是否匹配。

⑤ 全局变量的定义在各个模块中是否一致。

⑥ 是否修改了只读型参数。

(2) 如果模块内包括外部输入、输出，还应考虑以下问题：

① 文件属性是否正确。

② 是否处理了文件尾。

③ 是否所有的文件使用前已经打开。

④ 输出信息有没有文字性错误。

⑤ 对文件结束条件的判断和处理是否正确。

2．局部数据结构测试

在模块工作中，必须测试模块内部的数据能否保持完整性，包括内部数据的内容、形式及相互关系不发生错误。对于局部数据结构，应该在单元测试中注意发现以下几类错误：

(1) 不正确的或不一致的类型说明。

(2) 错误的初始化或默认值。

(3) 错误的变量名，如拼写错误或书写错误。

(4) 下溢、上溢或者地址错误。

(5) 不相容的数据类型。

3．路径测试

在单元测试中最主要的测试是针对路径的测试。测试用例必须能够发现由于计算错误、不正确的判定或不正常的控制而产生的错误。

应选择适当的测试用例，对模块中重要的执行路径进行测试。

应当设计测试用例查找由于错误的计算、不正确的比较或不正常的控制流而导致的错误。

对基本执行路径和循环进行测试，可以发现大量的路径错误。

4．错误处理测试

测试出错处理的重点是模块在工作中发生了错误，其中的出错处理是否有效。检验程序中的出错处理可能面对的情况有：

(1) 对运行发生的错误简述得难以理解。

(2) 所报告的错误与实际遇到的错误不一致。

(3) 出错后，在错误处理之前就引起系统的干预。

(4) 例外条件的处理不正确。

(5) 提供的错误信息不足，以至于无法找到错误的原因。

5．边界测试

边界测试是单元测试的最后一步，必须采用边界值分析方法来设计测试用例，认真仔细地测试为限制数据处理而设置的边界处，检查模块是否能够正常工作。边界测试主要考虑以下问题：

(1) 处理 m 维数组的第 m 个元素时是否出错。

(2) 运算或判断时取最大值、最小值时是否出错。

(3) 在 m 次循环的第 0 次、第 1 次、第 n 次是否有错误。

5.2.3　单元测试方法

在单元测试阶段，应使用白盒测试方法和黑盒测试方法对被测单元进行测试，其中以白盒测试方法为主。

在单元测试阶段以白盒测试方法为主，是指在单元测试阶段，白盒测试消耗的时间、人力、物力等成本一般会大于黑盒测试的成本。白盒测试进入的前提条件是测试人员已经对被测试对象有了一定的了解，基本上明确了被测试软件的逻辑结构。黑盒测试要首先了解软件产品具备的功能和性能等需求，再根据需求设计一批测试用例以验证程序内部活动是否符合设计要求。

在单元测试中，白盒测试及黑盒测试的测试用例的使用孰先孰后呢？

一般说来，由于黑盒测试是从被测单元外部进行的测试，成本较低，因此可先对被测单元进行黑盒测试，之后再进行白盒测试，以弥补黑盒测试的不彻底。

白盒测试和黑盒测试的测试用例设计方法如图 5.3 所示。

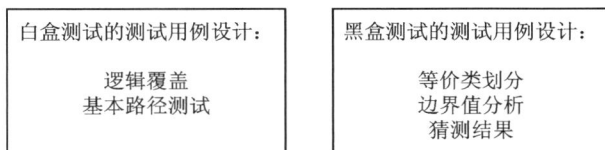

白盒测试的测试用例设计：	黑盒测试的测试用例设计：
逻辑覆盖 基本路径测试	等价类划分 边界值分析 猜测结果

图 5.3　测试用例设计方法

在单元测试中，设计测试用例应注意以下问题：

(1) 测试人员在实际工作中至少应该设计能够覆盖如下需求的基于功能的单元测试用例：

① 测试程序单元的功能是否实现；

② 测试程序单元性能是否满足要求；

③ 是否有可选的其他测试特性，如边界、余量、安全性、可靠性、强度、人机交互界面等。

(2) 无论是白盒测试还是黑盒测试，每个测试用例都应该包含下面 4 个关键元素：

① 被测单元模块初始状态声明，即测试用例的开始状态(仅适用于被测单元维持了调用中间状态的情况)；

② 被测单元的输入，包含由被测单元读入的任何外部数据值；

③ 该测试用例实际测试的代码，用被测单元的功能和测试用例设计中使用的分析来说明，如：单元中哪一个决策条件被测试；

④ 测试用例的期望输出结果(在测试进行之前的测试说明中定义)。

5.2.4 单元测试环境

一般情况下，单元测试常常紧接在代码编写之后。完成了程序编写、复查、语法正确性验证之后，就应进行单元测试。

对每个模块进行单元测试时，不能完全忽视它们和周围模块的相互关系。为模拟这一联系，在进行单元测试时，需要设置若干辅助测试模块。辅助测试模块有两种，一种是驱动模块(Driver)，另一种是被调用模拟子模块(Sub)。

驱动模块用以模拟被测试模块的上级模块。驱动模块在单元测试中接受测试数据，把相关的数据传送给被测模块，启动被测模块，并打印出相应的结果。

举例来说：驱动模块可以通过模拟一系列用户操作行为，如选择用户界面上的某一个选项或者按下某个按钮等，自动调用被测试模块中的函数。驱动模块的设置使模块的测试不必与用户界面真正交互。

被调用模拟子模块又称为桩模块，是模拟被测试的模块所调用的模块。被调用模拟子模块由被测模块调用，它们一般只进行很少的数据处理，如图 5.4 所示。

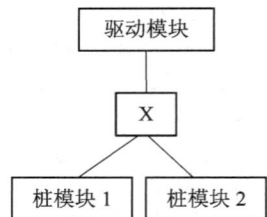

图 5.4 驱动模块与桩模块示例图

举例来说：如果被测试单元中需要调用另一个模块 customer 的函数 getCustomerAddress (customerID：Integer)，这个函数应该查询数据库后返回某一个客户的地址。我们设计的同名桩模块(Stub)中的同名函数并没有真正对数据库进行查询而仅模拟了这个行为，直接返回了一个静态的地址，如"Changan Street"。桩模块的设置使单元测试的进行成为一个相对独立且简单的过程。

单元测试通常被认为是附属于编码步骤的。其测试环境如图 5.5 所示：一个驱动程序只是一个接收测试数据并把数据传送给要测试模块的构件；桩模块是替代那些隶属于被测试构件的从属模块。这就是一般的单元测试环境。

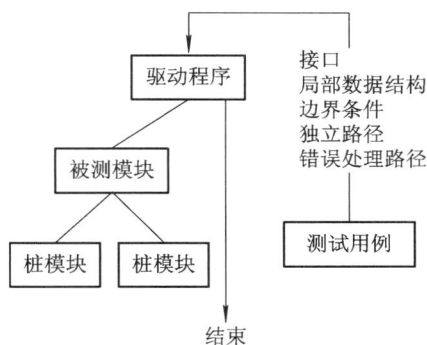

图 5.5　一般单元测试环境

所测模块和与其相关的驱动模块及被调用模拟子模块构成了一个"测试环境"。人们在进行单元测试时尽量避免开发驱动模块和桩模块，尤其应避免开发桩模块，因为驱动模块开发的工作量一般少于桩模块。

当不得不开发驱动模块及桩模块时，人们力求简单以提高工作效率。但过于简单的驱动模块和桩模块会影响单元测试的有效性，因而，对被测单元的彻底测试有时会被推迟到集成测试阶段完成。

5.2.5　单元测试过程

单元测试过程可分为三个阶段：计划阶段、设计实现阶段和执行评估阶段。

1．计划阶段

测试分析人员应根据软件测试任务书(合同或项目计划)和被测试软件的设计文档对被测试软件单元进行分析，并确定以下内容：

(1) 确定测试充分性的要求，根据软件单元的重要性、单元测试的目标和约束条件，确定测试用例应覆盖的范围及每个范围所要求的覆盖程度(如语句覆盖率、功能覆盖率以及分支覆盖率，单元的每一个软件特性都至少被一个正常的测试用例和一个异常的测试用例分别覆盖一次)。

(2) 确定测试终止的要求，设定测试过程正常终止的条件(如测试充分性是否达到要求)，确定导致测试过程异常终止的可能情况(如代码逻辑错误)。

(3) 确定用于测试的资源要求，包括软件(如所需要的操作系统、数据库、网络服务、编译环境、静态分析软件、测试数据产生软件、测试结果获取和处理软件及测试驱动软件等)、硬件(如计算机、服务器、设备接口、网络连接设备等)、人员配备以及技能素质要求等。

(4) 确定需要测试的软件特性，根据软件设计文档的描述确定软件单元的功能、性能、接口、状态、设计约束以及数据结构等内容和要求，进行标识、分类，从中确定需要进行测试的软件特性。

(5) 确定测试需要的技术和方法，包括测试数据输入/输出技术，测试数据生成与验证技术，测试结果获取技术等。

(6) 根据测试任务书(合同或项目计划)的要求和被测试软件的特性，确定测试结束的条件。

(7) 确定由资源和被测试软件单元所决定的单元测试活动的进度。

以上在测试策划阶段完成的工作最终以软件单元测试计划的文档形式记录下来。

另外，应对软件单元测试计划进行评审，审查测试的范围、内容、进度、资源、各方责任等是否明确，测试方法是否合理、有效和可行，测试文档是否符合规范，测试活动是否独立。只有通过软件单元测试计划的评审，才能进行下一步工作，否则就只能重新进行单元测试的策划。

2．设计实现阶段

软件单元测试的设计和实现工作由测试设计人员和测试程序员共同完成，一般根据软件单元测试计划完成以下工作：

(1) 测试用例的设计，将需测试的软件特性分解，针对分解后的每种情况设计测试用例。

(2) 获取测试数据，有两种方式可得到测试数据，一种是获得现有的测试数据；另一种是生成新的测试数据，并按要求对所获得的数据进行验证。

(3) 确定测试顺序，考虑资源约束、风险管理以及测试用例失效造成的影响或后果等几个方面的因素。

(4) 获取测试资源，对于测试所需用到的软件和硬件，有的可从现有工具中选择，有的则需要另外研制。

(5) 编写测试程序，包括开发测试支持工具、单元测试的驱动模块与桩模块。

(6) 建立和校准测试环境。

(7) 编写软件单元测试说明文档。

应该对软件单元测试说明进行评审，审查测试用例是否正确、可行和充分，测试环境是否合理、正确，测试文档是否符合规范。在软件单元测试说明通过评审后，才能进入下一步工作，否则就要重新进行测试设计与实现。

3．执行评估阶段

测试人员和测试分析人员要共同执行测试。其中测试人员的主要工作是按照软件单元测试计划和软件单元测试说明的内容以及要求执行测试。在执行过程中，测试人员应仔细观察和如实记录测试过程、测试结果并努力发现其中的错误，认真填写测试记录。

测试分析人员主要完成两方面的工作，第一项工作是根据每个测试用例的期望测试结果、实际测试结果和评价准则判定该测试是否能通过，并将结果记录在软件测试记录中。如果测试用例不通过，测试分析人员应认真分析其原因，并根据以下原因采取相应的措施：

(1) 由于软件单元测试说明和测试数据的错误导致测试用例不通过时，需要改正错误，将被改正的错误信息详细记录，并重新运行该测试。

(2) 由于执行测试步骤的错误导致测试用例不通过时，需要重新运行未正确执行的测试步骤。

(3) 由于测试环境(包括软件环境与硬件环境)的错误导致测试用例不通过时，需要修改测试环境，将环境更正信息详细记录下来，重新运行该测试。如果不能修正环境，要记录相关原因，并核对终止测试。

（4）由于软件单元的实现错误导致测试用例不能通过时，要填写软件问题报告单，提出软件修改建议，然后继续进行测试；或是比较错误与异常终止情况，核对终止测试，待软件更新完毕后，视情况进行回归测试。

（5）由于软件单元的设计错误导致测试用例不能通过时，同样要填写软件问题报告单，提出软件修改建议，然后继续进行测试；或是比较错误与异常终止情况，核对终止测试，待软件更新完毕后，视情况进行回归测试，并修改相应的测试设计与测试数据。

测试分析人员要完成的第二项工作是当所有测试用例执行完毕后，测试分析人员要根据测试的充分性要求和失效记录，确定测试工作是否足够，是否应添加新的测试。如果发现测试工作存在不足，应对软件单元进行补充测试，直到测试达到预期，并将测试的内容记录在软件单元测试报告中；如果不需要补充测试，则将正常终止情况记录在软件单元测试报告中，当测试过程异常终止时，应记录终止的条件、未完成的测试和未修改的错误。

在对单元测试的结果进行评估时，测试分析人员应根据被测试设计文档、软件单元测试说明、测试记录和软件问题报告单等，对测试工作进行总结，主要包括以下内容：

（1）总结软件单元测试计划和软件单元测试说明变化情况以及原因，记录在软件单元测试报告中。

（2）根据测试异常终止的情况，确定测试用例未覆盖到的范围，并将其理由记录在测试报告中。

（3）确定不能解决的测试事件以及不能解决的理由，并将理由记录在测试报告中。

（4）总结测试所反映的软件单元与软件设计文档，对软件单元的设计与实现进行评估，并提出改进意见，将其记录在测试报告中。

（5）编写软件单元测试报告，内容包括测试结果分析、软件单元的评估以及对软件单元的改进意见。

（6）根据测试记录和软件问题报告单编写测试问题报告。

应对测试执行活动、软件单元测试报告、测试记录和测试问题报告进行评审。检查测试活动的有效性、测试结果的正确性与合理性、测试文档的规范性，并审核是否达到测试目标。

5.2.6　单元测试人员

目前无论是工业界还是学术界都认为单元测试应该由开发人员开展，这是因为从单元测试的过程看，单元测试普遍采用白盒测试的方法，离不开深入被测对象的代码，同时还需要构造驱动模块、桩模块，因此开展单元测试需要一定的开发知识。从人员的知识结构、对代码的熟悉程度考虑，开发人员具有一定的优势。

通常开发组在组长的监督下进行，由编写该单元的开发设计者设计所需的测试用例和测试数据，来测试该单元并修改缺陷。开发组组长负责保证使用合适的测试技术，在合理的质量控制和监督下执行充分的测试。实验表明，单元测试，尤其是对代码的评审和检查，能够充分发挥开发组的团队作用，可以十分有效地找出单元的缺陷。

从经验值来看，单元测试投入和编码投入相比基本是一比一，如果由专职测试队伍来进行单元测试，维持这样庞大的单一任务队伍显然是不合适的。

5.2.7 测试工具简介

目前市场上有很多可以用的单元测试工具。单元测试使用自动化测试工具，可以避免大量的重复劳动，降低工作强度，并有效地提高测试效率，使测试人员能够把精力花在更有创造性的工作上。

目前的单元测试工具类型很多，按照测试的范围和功能，可以分为：静态分析工具、代码规范审核工具、内存和资源检查工具、测试数据生成工具、测试框架工具、测试结果比较工具、测试度量工具、测试文档生成和管理工具。

下面分别按编程语言介绍单元测试工具。

1) C/C++

CppUnit 是 C++单元测试工具的鼻祖，具有免费的开源的单元测试框架。由于已有高人写了不少关于 CppUnit 的很好的文章，想了解 CppUnit 的朋友，建议读一下 Cpluser 所作的《CppUnit 测试框架入门》，该文也提供了 CppUnit 的下载地址。

2) C++Test

C++Test 是 Parasoft 公司的产品。"C++Test 是一个功能强大的自动化 C/C++单元级测试工具，可以自动测试任何 C/C++函数、类，自动生成测试用例、测试驱动函数或桩函数，在自动化的环境下极其容易快速地将单元级的测试覆盖率达到 100%"(引自华唐公司的网页)。

3) Visual Unit

Visual Unit 简称 VU，这是国产的单元测试工具，据说申请了多项专利，拥有一批创新的技术。"自动生成测试代码；快速建立功能测试用例程序行为一目了然；极高的测试完整性；高效完成白盒覆盖；快速排错；高效调试；详尽的测试报告"。(摘自 VU 开发商的网页)。前面所述的测试要求：完成功能测试，完成语句覆盖、条件覆盖、分支覆盖、路径覆盖，用 VU 可以轻松实现。使用 VU 还能提高编码的效率，总体来说，在完成单元测试的同时，编码调试的时间还能大幅度缩短。

4) gtest

gtest 测试框架是在不同平台上(Linux，Mac OS X，Windows，Cygwin，Windows CE 和 Symbian)为编写 C++测试而生成的。它是基于 xUnit 架构的测试框架，支持自动发现测试，丰富的断言集，用户定义的断言，death 测试，致命与非致命的失败，类型参数化测试，各类运行测试的选项和 XML 的测试报告。需要详细了解的朋友可以参阅《玩转 Google 单元测试框架 gtest 系列》文章。

5) C#

NUnit 是一个单元测试框架，专门针对于 .NET 来写的。其实 JUnit(Java)、CppUnit(C++)

都是 xUnit 的一员。NUnit 是 xUnit 家族中的第 4 个主打产品，完全由 C#语言来编写，并且编写时充分利用了许多 .NET 的特性，比如反射、客户属性等。

6) Java

JUnit 是 Java 社区中知名度最高的单元测试工具。它诞生于 1997 年，由 Erich Gamma 和 Kent Beck 共同开发完成。其中 Erich Gamma 是经典著作《设计模式：可复用面向对象软件的基础》一书的作者之一，并在 Eclipse 中有很大的贡献；Kent Beck 则是一位极限编程(XP)方面的专家和先驱。JUnit 设计得非常小巧，但是功能却非常强大，是一个开发源代码的 Java 测试框架，用于编写和运行可重复的测试，是用于单元测试框架体系 xUnit 的一个实例(用于 java 语言)，主要用于白盒测试和回归测试。

5.3　集　成　测　试

5.3.1　集成测试的定义

把经过单元测试的模块按设计要求连接起来，组成所规定的软件系统的过程称为"集成"。集成是多个单元的聚合，许多单元组合成模块，而这些模块又聚合成更大的部分，如子系统或系统。

集成测试(Integration Testing)，也叫组装测试或联合测试。在单元测试的基础上，将所有模块按照设计要求(如根据结构图)组装成为子系统或系统，进行集成测试。实践表明，一些模块虽然能够单独工作，但并不能保证连接起来也能正常工作。程序在某些局部反映不出来的问题，在全局上很可能暴露出来，影响功能的实现。

5.3.2　测试目标

集成测试的目标是确保在把各个子模块连接起来的时候，能达到预期功能要求，一个模块的功能不会对另一个模块的功能产生不利影响。

5.3.3　集成测试的原则

集成测试的原则如下：

(1) 所有公共接口必须被测试到；

(2) 关键模块必须进行充分测试；

(3) 集成测试应当按一定层次进行；

(4) 集成测试策略选择应当综合考虑质量、成本和进度三者之间的关系；

(5) 集成测试应当尽早开始，并以概要设计为基础；

(6) 在模块和接口的划分上，测试人员应该和开发人员进行充分沟通。

5.3.4　集成测试的策略

集成测试的策略有很多种，常用的是非增量式集成测试、增量式集成测试和三明治集成测试。非增量方式，先测试好每一个软件单元，然后一次组装在一起再测试整个程序。增量方式，逐步把下一个要被组装的软件单元或部件同已测好的软件部件结合起来进行整体测试。

1．一次性集成方式(big bang)

这是一种非增量式组装方式。也叫做整体拼装。

使用这种方式，首先对每个模块分别进行模块测试，然后再把所有模块组装在一起进行测试，最终得到要求的软件系统，如图 5.6 所示。

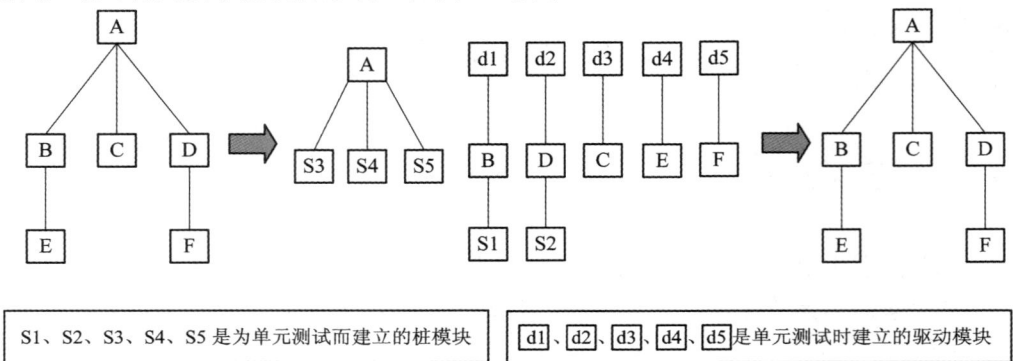

图 5.6　一次性集成方式

1) 优点

(1) 可迅速完成集成测试；

(2) 需要的桩和桩模块非常少；

(3) 需要的用例是最少的，多个测试人员可以并行测试；

(4) 操作简单；

(5) 资源利用率高。

2) 缺点

(1) 一次试运行成功的可能性不大；

(2) 问题定位和修改比较困难；

(3) 接口间的交互关系只被测试到很少的一部分，大量的实际中会运行到的程序执行路径没有被测试到；

(4) 风险高。

2．增量式集成方式

这种集成方式又称渐增式集成。增量式集成测试可按不同的次序实施，因而可以有两种方法，即自顶向下的增量方式和自底向上的增量方式。

1) 自顶向下的增量方式

这种集成方式将模块按系统程序结构，从最顶层程序开始，所有被主程序调用的下层单元全部使用桩来代替，然后一层一层向下进行测试，每层程序调用的下一层程序单元都要打桩。整个集成可以按深度优先的策略进行，也可以按照广度优先的策略进行。

自顶向下的集成方式有两种：深度优先集成方式、广度优先集成方式。

(1) 深度优先集成方式。从最顶层单元开始，持续向下到下一层，选择一个分支，自顶而下一个一个地集成这条分支上的所有单元，直到最底层，然后转向另一个分支，重复这样的集成操作直到所有的单元都集成进来。

以图 5.7 为例，深度优先集成方式集成的步骤如下：

① 从 U1 开始，被 U1 调用的 U2、U3、U4 被 3 个桩模块 S1、S2、S3 代替，基于功能树，选择一个 U1 的分支，集成自顶而下。在本例中选择最左面的一个分支。

② 将 U1 和 U2 集成，被 U2 调用的 U5 用桩模块 S4 代替，U3、U4 被 S2、S3 代替。

③ 将 U1、U2 和 U5 集成，U3、U4 用桩模块 S2、S3 代替。

④ 转回到第二级，将 U1、U2、U5 和 U3 集成，用 S3 代替 U4。

⑤ 转回到第二级，将 U1、U2、U3、U5 和 U4 集成，用 S5 代替 U6。

⑥ 将 U6 与其他模块集成。

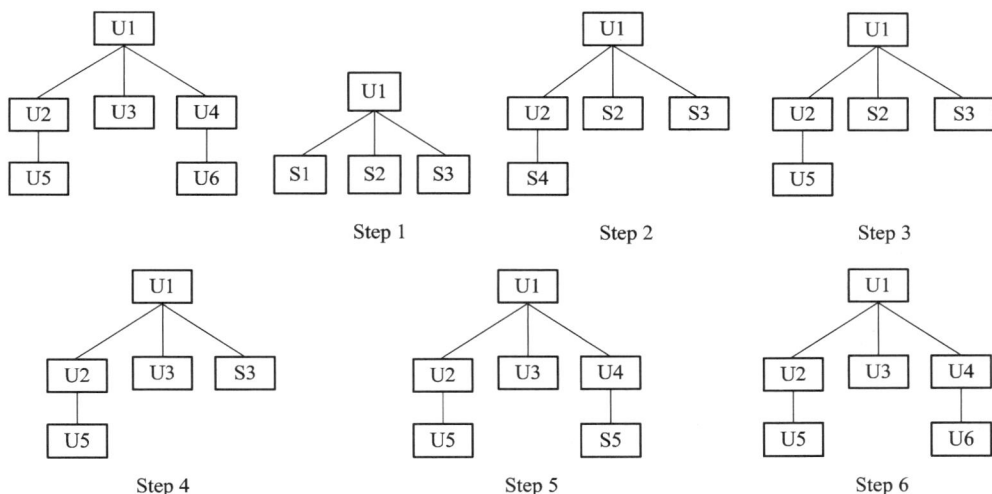

图 5.7　深度优先集成方式

(2) 广度优先集成方式。从最顶层单元开始，持续向下到下一层，一个个完成下一层上所有单元集成后，再转向下面一层，重复这样的集成操作直到所有的单元都集成进来。

以图 5.8 为例，广度优先集成方式集成的步骤如下：

① 从 U1 开始测试，被 U1 调用的 U2、U3、U4 被 S1、S2、S3 这 3 个桩模块代替，集成从左向右进行。

② 移到下一层，将 U1 和 U2 集成，被 U2 调用的 U5 被桩模块 S4 代替，U3，U4 被 S2、S3 代替。

③ 集成 U1、U2、U3，U5 被 S4 代替，U4 被 S3 代替。

④ 集成 U1、U2、U3 和 U4，被 U4 调用的 U6 被 S5 代替，U5 用 S4 代替。

⑤ 移到下一层，集成 U2、U1、U3、U4 和 U5，用 S5 代替 U6。

⑥ 将 U6 与其他单元集成。

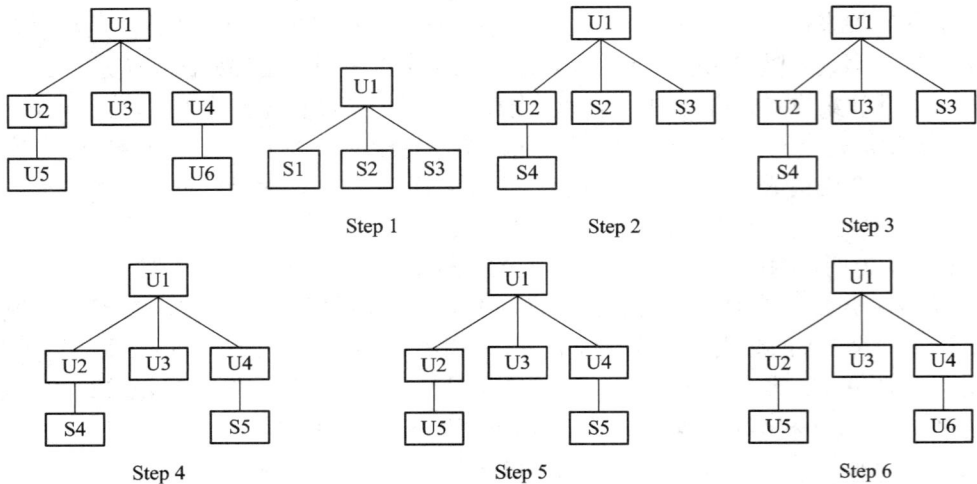

图 5.8　广度优先集成方式

自顶向下的增量方式集成的优点包括：

① 较早地验证了主要控制和判断点；

② 按深度优先可以首先实现和验证一个完整的软件功能；

③ 功能较早证实，带来信心；

④ 只需一个驱动，减少驱动器开发的费用；

⑤ 支持故障隔离。

自顶向下的增量方式集成的缺点包括：

① 桩的开发量大；

② 底层验证被推迟；

③ 底层组件测试不充分。

自顶向下的增量方式集成的适用范围包括：

① 产品控制结构比较清晰和稳定；

② 高层接口变化较小；

③ 底层接口未定义或经常可能被修改；

④ 产品控制组件具有较大的技术风险，需要尽早被验证；

⑤ 希望尽早能看到产品的系统功能行为。

2) 自底向上的增量方式

这种集成的方式是从程序模块结构的最底层的模块开始集成和测试。

因为模块是自底向上进行组装，对于一个给定层次的模块，它的子模块(包括子模块的所有下属模块)已经组装并测试完成，所以不再需要桩模块。在模块的测试过程中需要从子模块得到的信息可以直接运行子模块得到。

以图 5.9 为例，自底向上的增量方式集成的步骤如下：

① 从最底层 U5、U3、U6 开始，开发 3 个驱动模块 d1、d2、d3 调用它们；

② 用 U5 集成 U2，U6、U4 被 d4、d5 代替；

③ 将所有单元集成在一起。

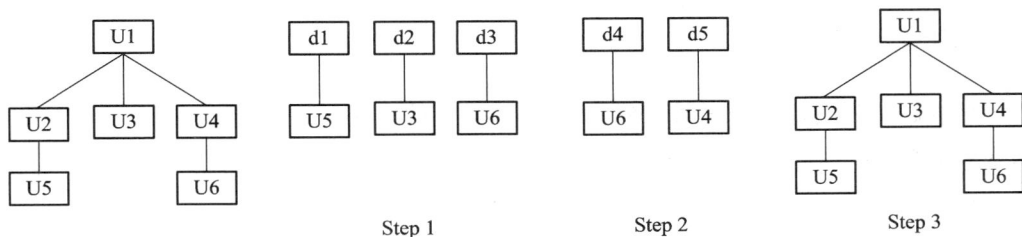

图 5.9　自底向上的增殖方式

自底向上的增量方式集成的优点包括：

① 对底层组件行为较早验证；

② 工作最初可以并行集成，比自顶向下效率高；

③ 减少了桩的工作量；

④ 支持故障隔离。

自底向上的增量方式集成的缺点包括：

① 驱动的开发工作量大；

② 对高层的验证被推迟，设计上的错误不能被及时发现。

自底向上的增量方式集成的适用范围包括：

① 底层接口比较稳定；

② 高层接口变化比较频繁；

③ 底层组件较早被完成。

3. 三明治集成方式

结合自底向上和自顶向下两种集成方法，对于底层模块采用自底向上的集成方法，对于顶层模块采用自顶向下的集成方法进行测试。

以图 5.10 为例，三明治集成方式的步骤如下：

(1) 基于功能树，选择完全分支/子分支作为集成单元，在本例中，选择了 3 个子树：

① 为了测试 U2 和 U5 的集成，开发一个驱动模块 d1。

② 开发两个桩 S1 和 S2，测试 U1 和 U3 的集成。

③ 为了测试 U4 和 U6，开发一个驱动模块 d2。

(2) 将所有的测试子树集成在一起。

三明治集成方式集成的优点：集合了自顶向下的增量方式和自底向上的增量方式的优点。

三明治集成方式集成的缺点：中间层测试不充分。

三明治集成方式集成的适用范围：适应于大部分软件开发项目。

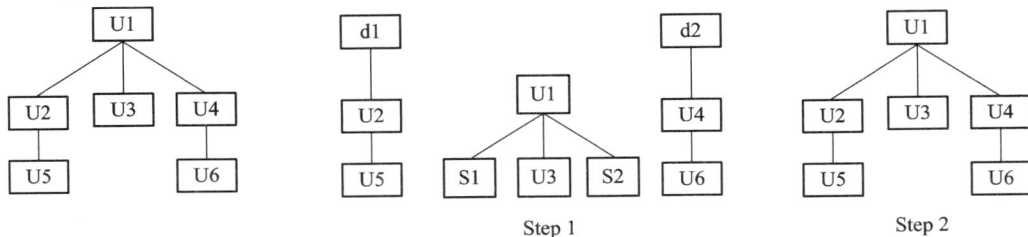

图 5.10　三明治集成方式

5.3.5 集成测试过程

一个测试从开发到执行遵循一个过程，不同的组织对这个过程的定义会有所不同。根据集成测试不同阶段的任务，可以把集成测试划分为 5 个阶段：计划阶段、设计阶段、实施阶段、执行阶段、评估阶段。其具体流程图如图 5.11 所示。

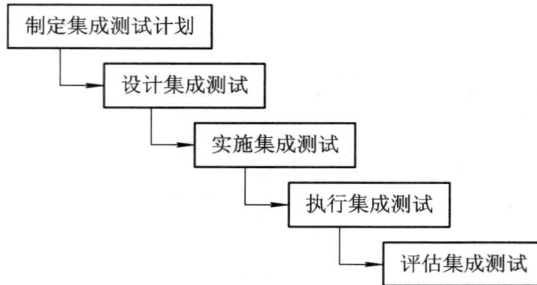

图 5.11　集成测试过程流程图

集成测试各阶段的工作内容及流程如表 5-1 所示。

表 5-1　集成测试各阶段工作内容及流程

集成测试	时间安排	输入	入口条件	活动步骤	输出	出口条件
制订集成测试计划	概要设计完成评审后大约一个星期	需求规格说明书，概要设计文档产品开发计划路标	概要设计文档已经通过评审	① 确定被测试对象和测试范围；② 评估集成测试被测试对象的数量及难度，即工作量；③ 确定角色分工和工作任务；④ 标识出测试各阶段的时间、任务、约束等条件；⑤ 考虑一定的风险分析及应急计划；⑥ 考虑和准备集成测试需要的测试工具、测试仪器、环境等资源；⑦ 考虑外部技术支援的力度和深度，以及相关培训安排；⑧ 定义测试完成标准	集成测试计划	① 确定被测试对象和测试范围；② 评估集成测试被测试对象的数量及难度，即工作量；③ 确定角色分工和工作任务；④ 标识出测试各阶段的时间、任务、约束等条件；⑤ 考虑一定的风险分析及应急计划；⑥ 考虑和准备集成测试需要的测试工具、测试仪器、环境等资源；⑦ 考虑外部技术支援的力度和深度，以及相关培训安排；⑧ 定义测试完成标准

续表

集成测试	时间安排	输入	入口条件	活动步骤	输出	出口条件
设计集成测试	详细设计阶段开始	需求规格说明书,概要设计,集成测试计划	概要设计基线通过评审	① 被测对象结构分析;② 集成测试模块分析;③ 集成测试接口分析;④ 集成测试策略分析;⑤ 集成测试工具分析;⑥ 集成测试环境分析;⑦ 集成测试工作量估计和安排	集成测试设计(方案)	集成测试设计通过详细设计基线评审
实现集成测试	在编码阶段开始后进行	需求规格说明书,概要设计,集成测试计划,集成测试设计	详细设计阶段	① 集成测试用例设计;② 集成测试代码设计(如果需要);③ 集成测试脚本(如果需要);④ 集成测试工具(如果需要)	集成测试用例,集成测试规程,集成测试代码,集成测试脚本,集成测试工具	测试用例和测试规程通过编码阶段基线评审
执行集成测试	单元测试完成后可以执行集成测试	需求规格说明书,概要设计,集成测试计划,集成高度设计,集成测试例集,测试规程,集成测试代码(如果有),集成测试脚本,集成测试工具,详细设计代码　单元测试报告	单元测试阶段已经通过基线化评审	执行集成测试用例,回归集成测试用例,撰写集成测试报告	集成测试报告	集成测试报告通过集成测试阶段基线评审
评估集成测试		集成测试计划,测试结果		测试设计员会同集成员、编码员、设计员等有关人员评估此次测试,并生成测试评估摘要	测试评估摘要	

5.3.6 集成测试人员

由于集成测试不是在真实环境下进行，而是在开发环境或是一个独立的测试环境下进行的，所以集成测试所需人员一般从开发组中选出，在开发组长的监督下进行，开发组长负责保证在合理的质量控制和监督下使用合适的测试技术执行充分的集成测试。

集成测试过程中应考虑邀请一个用户代表非正式地观看集成测试。

5.4 系 统 测 试

5.4.1 系统测试定义

系统测试(System Testing)是将已经确认的软件、计算机硬件、外设、网络等其他元素结合在一起，进行信息系统的各种组装测试和确认测试。系统测试是针对整个产品系统进行的测试，目的是验证系统是否满足了需求规格的定义，找出与需求规格不符或与之矛盾的地方，从而提出更加完善的方案。系统测试发现问题之后要经过调试找出错误原因和位置，然后进行改正。它是基于系统整体需求说明书的黑盒测试，应覆盖系统所有联合的部件。对象不仅仅包括需测试的软件，还要包括软件所依赖的硬件、外设甚至某些数据、某些支持软件及其接口等。

5.4.2 系统测试目标

系统测试的主要目标是验证系统功能的完整性，保证系统各模块的功能满足基本业务需求，确保系统测试的活动是按计划进行的，模块能正确取得数据并处理，各功能流程处理正确。

5.4.3 系统测试的主要测试技术

系统测试一般要完成以下几种测试。

1. 功能测试

功能测试也叫黑盒子测试或数据驱动测试，只需考虑各个功能，不需要考虑整个软件的内部结构及代码，一般从软件产品的界面、架构出发，按照需求编写出来的测试用例，输入数据在预期结果和实际结果之间进行评测，检查产品是否达到用户要求的功能。

需求规格说明是功能测试的基本输入。因此应先对需求规格进行分析，明确功能测试的重点，可按照如下步骤进行：

(1) 标识所有的功能需求(其中包括隐含的功能需求)。

(2) 对所有可能出现的功能异常进行分类并分析，再加以标识。

(3) 对前面表示的功能需求确定优先级。

(4) 对每个功能进行测试分析，分析其是否可测、采用何种测试方法、测试的入口条件、可能的输入、预期输出等。

(5) 确定是否需要开发脚本或借助工具录制脚本。

(6) 确定要对哪些测试使用自动化测试，对哪些测试使用手工测试。

经常进行的功能测试项目如下：

(1) 页面链接；

(2) 相关性；

(3) 按钮的功能是否正确；

(4) 字符串长度；

(5) 字符类型；

(6) 标点符号；

(7) 中文字符处理；

(8) 带出信息的完整性；

(9) 信息重复情况；

(10) 删除功能；

(11) 添加和修改是否一致；

(12) 修改重名；

(13) 重复提交表单；

(14) 多次使用 back 键的情况；

(15) search 检查；

(16) 输入信息位置；

(17) 上传下载文件；

(18) 必填项；

(19) 快捷键；

(20) 回车键。

2．性能测试

性能测试检验安装在系统内的软件的运行性能。性能测试是通过自动化的测试工具模拟多种正常、峰值以及异常负载条件来对系统的各项性能指标进行测试。负载测试和压力测试都属于性能测试，两者可以结合进行。通过负载测试，可确定在各种工作负载下系统的性能，目标是测试负载逐渐增加时系统各项性能指标的变化情况。压力测试是通过确定一个系统的瓶颈或者不能接受的性能点，来获得系统能提供的最大服务级别的测试。可从三个方面进行性能测试：应用在客户端的性能测试、应用在网络上的性能测试和应用在服务器端的性能测试。

1) 应用在客户端的性能测试

应用在客户端的性能测试目的是考察客户端应用的性能，测试的入口是客户端。它主要包括并发性能测试、疲劳强度测试、大数据量测试和速度测试等，其中并发性能测试是重点。

并发性能测试的过程是一个负载测试和压力测试的过程，即逐渐增加负载，直到系统的瓶颈或者不能接受的性能点，通过综合分析交易执行指标和资源监控指标来确定系统并发性能的过程。

并发性能测试的目的主要体现在以真实的业务为依据，选择有代表性的、关键的业务操作设计测试案例，以评价系统的当前性能。

当扩展应用程序的功能或者新的应用程序将要被部署时，负载测试会帮助确定系统是否还能够处理期望的用户负载，以预测系统的未来性能；通过模拟成百上千个用户，重复执行和运行测试，可以确认性能瓶颈并优化和调整应用，目的在于寻找到瓶颈问题。

例如：每月 20 日左右是电话交费的高峰期，几千个收费网点同时启动。收费过程一般分为两步，首先要根据用户提出的电话号码来查询出其当月产生费用，然后收取现金并将此用户修改为已交费状态。这一看起来简单的两个步骤，当成百上千的终端同时执行这样的操作时，情况就大不一样了，如此众多的交易同时发生，对应用程序本身、操作系统、中心数据库服务器、中间件服务器、网络设备的承受力都是一个严峻的考验。

2) 应用在网络上的性能测试

该测试重点是利用成熟先进的自动化技术进行网络应用性能监控、网络应用性能分析和网络预测。下面分别从三个方面来阐述。

(1) 网络应用性能分析，目的就是准确展示网络带宽、延迟、负载和 TCP 端口的变化是如何影响用户的响应时间的。

(2) 网络应用性能监控，主要用来分析关键应用程序的性能，定位问题的根源是在客户端、服务器、应用程序还是网络。

(3) 网络预测，主要是从网络管理软件获取网络拓扑结构、从现有的流量监控软件获取流量信息，这样可以得到现有网络的基本结构，并进行流量分析和冲突检测。

3) 应用在服务器端的性能测试

该测试主要是采用工具监控资源使用情况。实施测试的目的是实现服务器设备、服务器操作系统、数据库系统、应用在服务器上的性能的全面监控。

3. 系统可靠性测试

可靠性测试是指连续运行被测系统，检查系统运行时的稳定程度。

4. 系统兼容性测试

兼容性测试是指待测试项目在特定的硬件平台上、不同的应用软件之间、不同的操作系统平台上、不同的网络等环境中能正常地运行的测试。

在做兼容性测试时，应主要关注如下几个问题：

(1) 当前系统可能运行在哪些不同的操作系统环境下？

(2) 当前系统可能与哪些不同类型的数据库进行数据交换？

(3) 当前系统可能运行在哪些不同的硬件配置的环境下？

(4) 当前系统可能需要与哪些软件系统协同工作？这些软件系统可能的版本有哪些？

(5) 是否需要综合测试？

5．恢复测试

恢复测试作为一种系统测试，主要关注导致软件运行失败的各种条件，并验证其恢复过程能否正确执行。在特定情况下，系统需具备容错能力。另外，系统失效必须在规定时间段内被更正，否则将会导致严重的经济损失。

在进行恢复性测试时，同样先要进行恢复性测试分析，需考虑如下的主要问题：

(1) 恢复期间的安全性过程；

(2) 恢复处理日志方面的能力；

(3) 当出现供电问题时的恢复能力；

(4) 恢复操作后系统性能是否下降。

6．安全测试

安全测试用来验证系统内部的保护机制，以防止非法侵入。在安全测试中，测试人员扮演试图侵入系统的角色，采用各种办法突破防线。因此系统安全设计的准则是要想方设法使侵入系统所需的代价尽可能地昂贵。

7．强度测试

强度测试检查程序对异常情况的抵抗能力，检查系统在极限状态下运行的时候性能下降的幅度是否在允许的范围内。

5.4.4 系统测试的过程

系统测试的过程如图 5.12 所示。

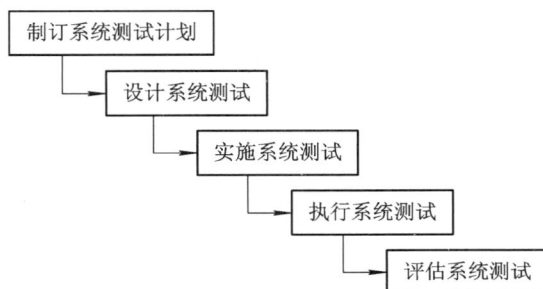

图 5.12 系统测试的过程

系统测试的几个阶段：

(1) 计划阶段：制订测试计划。

(2) 设计阶段：对系统进行详细的测试分析，然后设计一些典型的、满足测试需求的测试用例，同时给出系统测试的大致过程。系统测试用例设计基本上都是用黑盒测试方法，也就是说测试人员在进行系统测试时无需知道系统是由结构化程序设计语言还是面向对象程序设计语言来实现的。

(3) 实施阶段：使用当前的软件版本进行测试脚本的录制工作，确定软件的基线。

(4) 执行阶段：根据系统测试计划和事先设计好的系统测试用例，以及一定的测试规程进行测试脚本的回放。

系统测试的执行常常需要使用相应的测试工具，对于那些涉及数据量很多的测试尤其如此，使用手工测试不但浪费时间，而且有时候也无法得到精确的测试结果。

(5) 评估阶段：进行评估，以确定系统测试是否通过。

5.4.5　系统测试经验总结

适当的组织和实施能大大地提高测试效率。可在做系统测试的过程中不断地积累测试经验。关于系统测试的经验总结如下：

(1) 要多次和用户进行沟通。

(2) 要根据系统的特点和风险分析等方法来确定测试实施的重点(测试的优先级)。

(3) 不能盲目地使用自动化测试工具，使用自动化测试就要充分掌握工具的使用技巧。

(4) 在做系统测试计划时，时间上要留出冗余，防止发生意外情况而影响测试的质量。

(5) 保证测试环境安全，获得更为真实的测试数据。

5.4.6　系统测试人员

系统测试由独立的测试小组在测试组长的监督下进行，测试组长负责保证在合理的质量控制和监督下使用合适的测试技术执行充分的系统测试。在系统测试过程中，测试过程由一个独立测试观察员来监控测试工作。系统测试过程也应考虑邀请一个用户代表非正式地观看测试，同时得到用户反馈意见并在正式验收测试之前尽量满足用户的要求。

5.5　验 收 测 试

5.5.1　验收测试定义

验收测试是部署软件之前的最后一个测试操作，是软件产品完成了单元测试、集成测试和系统测试之后，产品发布之前所进行的软件测试活动，它是技术测试的最后一个阶段，也称为交付测试。

5.5.2　验收测试目标

验收测试目标是确保软件准备就绪，并且可以让最终用户将其用于执行软件的既定功能和任务上。

5.5.3　验收测试的主要内容

软件验收测试应完成的主要工作内容如下：

1．配置复审

验收测试的一个重要环节是配置复审，复审的目的在于保证软件配置齐全、分类有序，并且包括软件维护所必需的细节。配置复审包括文档审核、源代码审核、配置脚本审核、测试程序或脚本审核等。

2．合法性检查

该环节检查在开发软件时，使用的开发工具是否合法。对在编程中使用的一些非本单位自己开发的，也不是由开发工具提供的控件、组件、函数等，检查其是否有合法的发布许可。

3．可执行程序的功能和性能测试

可执行程序的功能和性能测试主要包括以下内容：① 界面和外观测试；② 可用性测试；③ 功能测试；④ 稳定性测试；⑤ 性能测试；⑥ 强壮性测试；⑦ 逻辑性测试；⑧ 安全性测试。

4．测试结果交付内容

测试结束后，由测试组填写软件测试报告，并将测试报告与全部测试材料一并交给用户代表。测试报告包括下列内容：① 软件测试计划；② 软件测试日志；③ 软件文档检查报告；④ 软件代码测试报告；⑤ 软件系统测试报告；⑥ 测试总结报告；⑦ 测试人员签字登记表。

5.5.4　验收测试技术和测试数据

验收测试完全采用黑盒测试技术，主要是用户代表通过执行其在平常使用系统时的典型任务来测试软件系统，根据业务需求分析，检验软件是否满足功能、行为、性能和系统协调性等方面的要求。

只要有可能，在验收测试中就应该使用真实数据。当真实数据中包含机密性或安全性信息，并且这些数据在局部或整个验收测试中可见时，就必须采取以下措施来保证：

(1) 用户代表被允许使用这些数据，或者合理地组织测试使测试组长不必看到这些数据也可进行测试。

(2) 测试观察员被允许使用这些数据，或者在看不到这些数据的情况下确认并记录测试用例的成功或失败。

在不使用真实数据的情况下，应该考虑使用真实数据的一个拷贝。拷贝数据的质量、精度和数据量必须尽可能地代表真实的数据。当使用真实数据或使用真实数据的拷贝时，仍然有必要引入一些手工数据，例如，测试边界条件或错误条件。在创建手工数据时，测试人员必须采用正规的设计技术，使得提供的数据真正有代表性，确保软件系统能充分地测试。

5.5.5　验收测试人员

验收测试一般在测试组的协助下，由用户代表执行。测试组长负责保证在合理的质量控制和监督下使用合适的测试技术执行充分测试。测试人员在验收测试工作中将协助用户代表执行测试，并和测试观察员一起向用户解释测试用例的结果。

习题与思考

1. 简述软件开发和测试的对应关系。
2. 单元测试是什么？
3. 单元测试要解决哪五个方面的测试问题？
4. 接口与路径测试都包括哪些内容？
5. 如何建立单元测试环境？
6. 单元测试、集成测试各自的主要目标是什么？它们之间有什么不同？
7. 不做单元测试对软件质量有什么影响？
8. 单元测试是针对代码的测试吗？为什么？
9. 简述集成测试的过程。
10. 集成测试策略主要有哪些？并试简述这些策略。
11. 单元测试、集成测试、系统测试的侧重点是什么？
12. 系统测试主要采用什么技术？
13. 系统测试主要有哪些人员参加？
14. 什么是验收测试？
15. 系统验收测试的内容有哪些？

第 6 章　测 试 报 告 和 测 试 评 测

学习目标

(1) 了解软件缺陷；

(2) 掌握分离再现软件缺陷方法；

(3) 了解软件缺陷生命周期；

(4) 能够报告软件缺陷；

(5) 了解软件缺陷的跟踪管理；

(6) 掌握测试总结报告的编写；

(7) 了解测试的评测方法。

6.1　软 件 缺 陷

6.1.1　软件缺陷简介

软件缺陷(Defect)常常又被叫做 Bug。所谓软件缺陷，简单说就是存在于软件(文档、数据、程序)之中的那些不希望或不可接受的偏差，会导致软件产生质量问题。只要符合下面 5 个规则中的一条，就叫做软件缺陷：

(1) 软件没有实现产品规格说明中所要求的功能；

(2) 出现了产品规格说明中指明不应该出现的错误；

(3) 软件实现了产品规格说明中没有提到的功能模块；

(4) 软件没有实现产品规格说明中没有明确提及但应该实现的目标；

(5) 软件难以理解，不容易使用，运行缓慢，或从测试员的角度看，最终用户会认为不好。

例如，计算器(图 6.1)在测试中有如下问题，就认为存在缺陷。

① 计算器的产品规格说明应能准确无误地进行加、减、乘、除运算。如果按下加法键，没什么反应，就是第一种类型的缺陷；若计算结果出错，也是第(1)种类型的缺陷。

② 产品规格说明书还可能规定计算器不会死机，或者停止反应。如果随意敲键盘，则计算器停止接受输入，这就是第(2)种类型的缺陷。

③ 如果使用计算器进行测试，发现除了加、减、乘、除之外还可以求平方根，但是产

品规格说明中没有提及这一功能模块，这是第(3)种类型的缺陷。

④ 在测试计算器时若发现电池没电会导致计算不正确，而产品说明书中是假定电池一直都有电的，则这就是第(4)种类型的错误。

⑤ 软件测试员如果发现某些地方不对，比如测试员觉得按键太小、"="键布置的位置不好按、在亮光下看不清显示屏等，无论什么原因，都要认定为缺陷。

图 6.1　计算器

6.1.2　软件缺陷产生的原因

在软件开发的过程中，软件缺陷的产生是不可避免的。从软件本身、团队工作和技术问题等角度分析，造成软件缺陷的主要因素有：

(1) 需求不清晰，导致设计目标偏离客户的需求，从而引起功能或产品特征上的缺陷。

(2) 系统结构非常复杂，而又无法设计成一个很好的层次结构或组件结构，结果导致意想不到的问题或系统维护、扩充上的困难；即使设计成良好的面向对象的系统，由于对象、类太多，很难完成对各种对象、类相互作用的组合测试，而隐藏着一些参数传递、方法调用、对象状态变化等方面问题。

(3) 对程序逻辑路径或数据范围的边界考虑不够周全，漏掉某些边界条件，造成容量或边界错误。

(4) 对一些实时应用，要进行精心设计和技术处理，保证精确的时间同步，否则容易引起时间上不协调、不一致性带来的问题。

(5) 没有考虑系统崩溃后的自我恢复或数据的异地备份、灾难性恢复等问题，从而存在系统安全性、可靠性的隐患。

(6) 系统运行环境复杂，不仅用户使用的计算机环境千变万化，包括用户的各种操作方式或各种不同的输入数据，容易引起一些特定用户环境下的问题；在系统实际应用中，数据量很大，从而会引起强度或负载问题。

(7) 由于通信端口多、存取和加密手段的矛盾性等，会造成系统的安全性或适用性等问题。

(8) 新技术的采用，可能涉及技术或系统兼容的问题，事先没有考虑到。

软件缺陷产生的原因很多，但最主要的原因则在产品简述方面。

6.1.3　软件的有效简述规则

软件缺陷简述是软件缺陷报告的基础部分，也是测试人员就一个软件问题与开发小组交流的最初且最好的机会。一个好的简述，需要使用简单、准确、专业的语言来抓住缺陷的本质；否则，它就会使信息含糊不清，可能误导开发人员。准确报告软件缺陷是非常重要的，因为：

(1) 清晰准确的软件缺陷简述可以减少软件缺陷从开发人员处返回的次数；

(2) 可提高软件缺陷修复的速度，使每一个小组能够有效地工作；

(3) 可提高测试人员的信任度，得到开发人员对清晰的软件缺陷简述的有效响应；

(4) 加强开发人员、测试人员和管理人员的协同工作，让他们可以更好地工作。

在多年实践的基础上，我们积累了较多的软件缺陷的有效简述规则，主要有：

1．单一准确

每个报告只针对一个软件缺陷。在一个报告中报告多个软件缺陷的弊端是缺陷部分虽然会被注意和修复，但不能得到彻底的修正。

2．可以再现

软件缺陷简述提供缺陷的精确操作步骤，使开发人员容易看懂，可以自己再现这个缺陷。通常情况下，开发人员只有再现了缺陷，才能正确地修复缺陷。

3．完整统一

软件缺陷简述提供完整、前后统一的软件缺陷的步骤和信息，例如图片信息、Log 文件等。

4．短小简练

通过使用关键词，可以使软件缺陷标题的简述短小简练，又能准确解释产生缺陷的现象，如"主页的导航栏在低分辨率下显示不整齐"中"主页""导航栏""分辨率"等是关键词。

5．特定条件

许多软件功能在通常情况下没有问题，但在某种特定条件下会存在缺陷，所以软件缺陷简述不要忽视这些看似细节的但又必要的特定条件(如特定的、浏览器或某种设置等)。

6．补充完善

从发现 Bug 那一刻起，测试人员的责任就是保证它被正确地报告，并且得到应有的重视，继续监视其修复的全过程。

7．不做评价

软件缺陷简述中不要带有个人观点，不要对开发人员进行评价。软件缺陷报告是针对产品和问题本身，将事实或现象客观地简述出来即可，不需要任何评价或议论。

6.1.4　软件缺陷的属性

软件缺陷的属性包括缺陷标识、缺陷类型、缺陷严重程度、缺陷优先级、缺陷状态、缺陷起源、缺陷来源、缺陷根源。

(1) 缺陷标识：标记某个缺陷的唯一的标识，可以使用数字序号表示。

(2) 缺陷类型：根据缺陷的自然属性划分缺陷种类，具体类型见表 6-1。

表 6-1　缺 陷 类 型

缺陷类型	简　　　述
功能	影响了各种系统功能、逻辑的缺陷
用户界面	影响了用户界面、人机交互特性，包括屏幕格式、用户输入灵活性、结果输出格式等方面的缺陷
文档	影响发布和维护，包括注释、用户手册、设计文档
软件包	由软件配置库、变更管理或版本控制引起的错误
性能	不满足系统可测量的属性值，如执行时间、事务处理速率等
系统/模块接口	与其他组件、模块或设备驱动程序、调用参数、控制块或参数列表等不匹配、冲突

(3) 缺陷严重程度：因缺陷引起的故障对软件产品的影响程度，具体等级见表 6-2。

表 6-2　缺陷严重程度

缺陷严重等级	简　　　述
致命(Fatal)	系统任何一个主要功能完全丧失、用户数据受到破坏、系统崩溃、悬挂、死机，或者危及人身安全
严重(Critical)	系统的主要功能部分丧失、数据不能保存，系统所提供的功能或服务受到明显的影响
一般(Major)	系统的部分功能没有完全实现，但不影响用户的正常使用，例如：提示信息不太准确或用户界面差、操作时间长等
较小(Minor)	使操作者不方便或遇到麻烦，但它不影响功能的实现，如个别的不影响产品理解的个别错别字、文字排列不整齐等

(4) 缺陷优先级：缺陷必须被修复的紧急程度，见表 6-3。

表 6-3　缺 陷 优 先 级

缺陷优先级	简　　　述
立即解决(P1级)	缺陷导致系统几乎不能使用或测试不能继续，需立即修复
高优先级(P2级)	缺陷严重，影响测试，需要优先考虑
正常排队(P3级)	缺陷需要正常排队等待修复
低优先级(P4级)	缺陷可以在开发人员有时间的时候被纠正

(5) 缺陷状态：缺陷通过一个跟踪修复过程的进展情况，具体状态见表6-4。

表6-4 缺 陷 状 态

缺陷状态	简 述
激活或打开(Active or Open)	问题还没有解决，存在源代码中，确认"提交的缺陷"，等待处理，如新报的缺陷
已修正或修复(Fixed or Resolved)	已被开发人员检查、修复过的缺陷，通过单元测试，认为已解决但还没有被测试人员验证
关闭或非激活(Closed or Inactive)	测试人员验证后，确认缺陷不存在之后的状态
重新打开(Reopen)	测试人员验证后，还依然存在的缺陷，等待开发人员进一步修复
推迟(Deferred)	这个软件缺陷可以在下一个版本中解决
保留(On Hold)	由于技术原因或第三者软件的缺陷，开发人员不能修复的缺陷
不能重现(Cannotduplicate)	开发不能复现这个软件缺陷，需要测试人员检查缺陷复现的步骤
需要更多信息(Needmoreinfor)	开发能复现这个软件缺陷，但开发人员需要一些信息，例如：缺陷的日志文件、图片等
重复(Duplicate)	这个软件缺陷已经被其他的软件测试人员发现
不是缺陷(Notabug)	这个问题不是软件缺陷
需要修改软件规格说明书(Spec modified)	由于软件规格说明书对软件设计的要求，软件开发人员无法修复这个软件缺陷，必须要修改软件规格说明书

(6) 缺陷起源：缺陷引起的故障或事件第一次被检测到的阶段，具体起源见表6-5。

表6-5 缺 陷 起 源

缺陷起源	简 述
需求	在需求阶段发现的缺陷
构架	在系统构架设计阶段发现的缺陷
设计	在程序设计阶段发现的缺陷
编码	在编码阶段发现的缺陷
测试	在测试阶段发现的缺陷
用户	在用户使用阶段发现的缺陷

(7) 缺陷来源：缺陷所在的地方，如文档、代码等，具体来源见表6-6。

表6-6 缺 陷 来 源

缺陷来源	简 述
需求说明书	需求说明书错误或不清楚引起的问题
设计文档	设计文档简述不准确、和需求说明书不一致引起的问题
系统集成接口	系统各模块参数不匹配、开发组之间缺乏协调引起的缺陷
数据流(库)	由于数据字典、数据库中的错误引起的缺陷
程序代码	纯粹在编码中的问题所引起的缺陷

(8) 缺陷根源：造成上述错误的根本因素，以寻求软件开发流程的改进、管理水平的提高，具体根源见表 6-7。

表 6-7　缺 陷 根 源

缺陷根源	简　　　　述
测试策略	测试范围错误，误解了测试目标，超越了测试能力等
过程、工具和方法	无效的需求收集过程，过时的风险管理过程，不适用的项目管理方法，没有估算规程，无效的变更控制过程等
团队/人	项目团队职责交叉，缺乏培训，没有经验的项目团队，缺乏士气和动机不纯等
缺乏组织和通讯	缺乏用户参与，职责不明确，管理失败等
硬件	硬件配置不对或缺乏，或处理器缺陷导致算术精度丢失，内存溢出等
软件	软件设置不对或缺乏，或操作系统错误导致无法释放资源，工具软件的错误，编译器的错误，2000 千年虫问题等
工作环境	组织机构调整，预算改变，工作环境恶劣，如噪音过大

了解了软件缺陷属性的基本信息后，为了更好地处理软件缺陷，我们需要了解其他相关的信息。

软件缺陷相关信息包括缺陷图片、记录信息及如何分离和再现软件缺陷。对于一个软件缺陷报告，测试人员应该给予相关的信息，保证开发人员和其他测试人员可以分离和再现它。

软件缺陷的图片、记录信息是软件缺陷报告中重要的组成部分，以下我们将介绍为什么要记录软件缺陷的相关图片信息。

一些涉及用户界面(User Interface)的软件缺陷可能很难用文字清楚地简述，因此软件测试人员通过附上图片比较直观地表示缺陷发生在产品界面什么位置、有什么问题等。

测试人员一般采用 JPG、GIF 的图片格式，因为这类文件占用的空间小、打开的速度快。

通常情况下，对于影响用户使用或者影响产品美观的软件缺陷，附上图片比较直观，例如：

(1) 当产品中有一段文字没有显示完全，为了明确标识这段文字的位置，测试人员必须贴上图片。

(2) 在测试外国语言版本的时候，当发现产品中有一段文字没有翻译，测试人员需要贴上图片标识没有翻译的文字。

(3) 在测试外国语言版本的时候，当发现产品中有一段外国文字显示乱字符，测试人员必须贴上图片标识乱字符的外国文字。

(4) 对于产品中的语法错误、标点符号使用不当等软件缺陷，测试人员贴上图片告诉开发人员缺陷在什么地方。

(5) 在产品中运用错误的公司标志和没有显示图片的重要等软件缺陷，也需要附上图片。

测试人员需要注意的是，有必要在图片上用颜色标注缺陷的位置，给开发人员一目了然的效果，使得软件缺陷尽快修复。

6.2　分离再现软件缺陷

　　软件缺陷的分离和再现考验的是测试人员专业技能，测试人员要想有效报告软件缺陷，就要对软件缺陷以明显、通用和再现的形式进行简述。测试人员应该设法找出缩小问题范围的具体步骤。对测试人员有利的情况是，若建立起绝对相同的输入条件，软件缺陷就会再次出现，不存在随机的软件缺陷。

　　软件缺陷分离和再现的方法主要有：

　　(1) 确保所有的步骤都被记录。记录下所做的每一件事、每一个步骤、每一个停顿。无意间丢失一个步骤或者增加一个多余步骤，可能导致无法再现软件缺陷。在尝试运行测试用例时，可以利用录制工具确切地记录执行步骤。所有的目标是确保导致软件缺陷所需的全部细节是可见的。

　　(2) 特定条件和时间。记录软件缺陷出现的特定时刻、软件缺陷产生的特定条件、软件缺陷产生时的网络繁忙情况，以及在较差和较好的硬件设备上运行测试用例时出现结果的差异情况。

　　(3) 压力和负荷、内存和数据溢出相关的边界条件。执行某个测试可能导致产生缺陷的数据被覆盖，而只有在试图使用数据时才会再现。在重启计算机后软件缺陷消失，当执行其他测试之后又出现这类软件缺陷，需要注意某些软件缺陷可能是在无意中产生的。

　　(4) 考虑资源依赖性，包括内存、网络和硬件共享的相互作用等。软件缺陷是否仅在运行其他软件并与其他硬件通信的"繁忙"系统上出现。软件缺陷可能最终证实跟硬件资源、网络资源有相互的作用，审视这些影响有利于分离和再现软件缺陷。

　　(5) 不能忽视硬件。与软件不同，硬件按预定方式工作。板卡松动、内存条损坏或者CPU 过热都可能导致软件缺陷再现的失败。设法在不同硬件条件下再现软件缺陷，在执行配置或者兼容性测试时特别重要，是判定软件缺陷是在一个系统上还是在多个系统上产生。

6.3　正确面对软件缺陷

　　软件测试人员的职责是根据一定的方法和逻辑，寻找或发现软件中的缺陷，并通过这一过程来证明软件的质量是优秀还是低劣。所以，怎样发现缺陷，成为大部分测试人员关注的焦点。在软件测试过程中，软件测试人员一般需确保测试过程中发现的软件缺陷得以关闭。但在实际测试工作中，软件测试人员需要从综合的角度来考虑软件质量，对找出的缺陷保持一种平常心。这就需要明确以下几个原则：

1. 并不是测试人员发现的每个缺陷都是必须修复的

　　测试是为了发现程序错误，而不能保证程序没有错误。不管测试计划和执行多么努力，也不是所有缺陷发现了就能修复。有些软件缺陷可能会完全被忽略，还有一些可能推迟到后续版本中修复。

有些软件缺陷不被修复的原因如下：

1）没有足够的时间

在任何一个项目中，通常是软件功能较多，而程序设计人员和测试人员较少，并且可能在项目进度中没为开发和测试留出足够的时间。在实际开发过程中，经常出现客户对软件的完成提出一个最后期限，在此时间点之前，必须按时完成软件。这就导致了时间的有限性和任务紧迫性，在此压力下就有可能忽略一些缺陷。

2）不算真正的软件缺陷

在某些特殊场合，错误理解、测试错误或设计说明书变更，会使测试人员把一些软件缺陷不作为缺陷来处理。

3）修复的风险太大

这种情况比较常见，软件本身是脆弱而复杂的，修复一个缺陷，常常可能导致其他更严重问题的出现。在紧迫的产品发布进度压力下，修改软件缺陷必须评估其影响程度和风险，以决定是否可修改。

4）不值得修复

不常出现的软件缺陷和不常用功能中出现的软件缺陷可以放过。如果缺陷可以躲过，或者有办法预防，这样的软件缺陷通常不用修复。

2．发现缺陷的数量说明不了软件的质量

软件中不可能没有缺陷，发现了很多缺陷对于测试工作来说，是很正常的事。缺陷的数量大，只能说明测试的方法很好，思路很全面，测试工作卓有成效。但以此来否认软件的质量，还是不具客观性的。

如果测试中发现的缺陷，大部分都是提示性错误、文字错误等，或错误的等级很低，而且这些缺陷的修复几乎不会影响到执行指令的部分，但对于软件的基本功能和性能，发现的缺陷很少，通常这样的测试证明了"软件的质量是稳定的"，因而属于良好软件的范畴。这样的软件只要处理好发现的缺陷，基本就可以发行使用了。进行完整的回归和大规模测试，就是增加软件开发的成本，浪费商机和时间。

反过来，如果在测试过程中发现的缺陷较少，但这些缺陷都集中表现为功能没有实现、性能未达标、经常引起死机或系统崩溃等现象，而且，大多数用户在使用过程中都会发现这样的问题，那么这样的软件就不能随便发布。

6.4 软件缺陷生命周期及处理技巧

6.4.1 软件缺陷生命周期概述

生命周期是指一个物种从诞生到消亡所经历的不同的生命阶段，软件缺陷生命周期则指的是一个软件缺陷被发现、报告到这个缺陷被修复、验证直至最后关闭的完整过程。在整个软件缺陷生命周期中，通常是以改变软件缺陷的状态来体现不同的生命阶段。因此，对于一个软件测试人员来讲，需要关注软件缺陷在生命周期中的状态变化，来跟踪项目进度和软件质量。一个简单、优化的软件缺陷生命周期如图6.2所示。

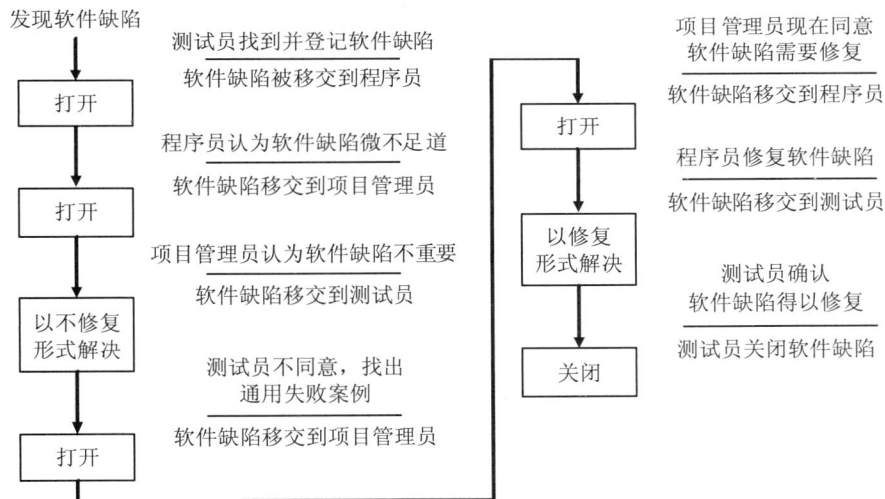

图 6.2　一个简单、优化的软件缺陷生命周期

(1) 发现—打开：测试人员找到软件缺陷并将软件缺陷提交给开发人员。

(2) 打开—修复：开发人员再现、修复缺陷，然后提交给测试人员去验证。

(3) 修复—关闭：测试人员验证修复过的软件，关闭已不存在的缺陷。

软件缺陷首先被测试人员发现，记录下来并指定程序员修复，该状态称为打开状态。一旦程序修复人员修复了代码，该软件再回到测试人员手中，软件缺陷就进入了解决状态。但这是一种理想的状态，在实际的工作中是很难这样顺利进行的，需要考虑的情况还是非常多的。

在实际工作中，软件缺陷的生命周期不可能像如上那么简单，需要考虑其他各种情况，下面给出了一个复杂的软件缺陷生命周期的例子，如图6.3所示。

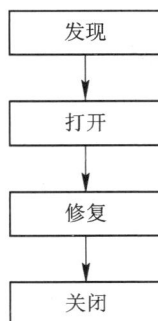

图 6.3　一个复杂的软件缺陷生命周期

综上所述，软件缺陷在生命周期中经历了数次的审阅和状态变化，最终测试人员关闭软件缺陷来结束软件缺陷的生命周期。软件缺陷生命周期中的不同阶段是测试人员、开发人员和管理人员一起参与、协同测试的过程。软件缺陷一旦发现，便进入测试人员、开发人员、管理人员的严密监控之中，直至软件缺陷生命周期终结，这样即可保证在较短的时间内高效率地关闭所有的缺陷，缩短软件测试的进程，提高软件质量，同时减少开发、测试和维护成本。

6.4.2　软件缺陷处理技巧

管理员、测试人员和开发人员需要掌握在软件缺陷生命周期的不同阶段处理软件缺陷的技巧，从而尽快处理软件缺陷，缩短软件缺陷生命周期。以下列出处理软件缺陷的基本技巧：

(1) 审阅。当测试人员在缺陷跟踪数据库中输入了一个新的缺陷后，应该提交它，以便在它能够起作用之前进行审阅。这种审阅可以由测试管理员、项目管理员或其他人来进行，主要审阅缺陷报告的质量水平。

(2) 拒绝。如果审阅者决定需要对一份缺陷报告进行重大修改，例如需要添加更多的信息或者需要改变缺陷的严重等级，应该和测试人员一起讨论，由测试人员纠正缺陷报告，然后再次提交。

(3) 完善。如果测试人员已经完整地简述了问题的特征并将其分离，那么审查者就会肯定这个报告。

(4) 分配。当开发组接受完整简述特征并被分离的问题时，测试人员会将它分配给适当的开发人员，如果不知道具体开发人员，应分配给项目开发组长，由开发组长再分配给对应的开发人员。

(5) 测试。一旦开发人员修复一个缺陷，它就将进入测试阶段。缺陷的修复需要得到测试人员的验证，同时还要进行回归测试，检查这个缺陷的修复是否会引入新的问题。

(6) 重新打开。如果这个修复没有通过确认测试，那么测试人员将重新打开这个缺陷报告。重新打开一个缺陷，需要加注释说明，否则会引起"打开—修复"多个来回，造成测试人员和开发人员不必要的矛盾。

(7) 关闭。如果修复通过验证测试，那么测试人员将关闭这个缺陷。只有测试人员有关闭缺陷的权限，开发人员没有这个权限。

(8) 暂缓。如果每个人都同意将确实存在的缺陷移到以后处理，应该指定下一个版本号或修改的日期。一旦新的版本开始，这些暂缓的缺陷应该重新被打开。

测试人员、开发人员和管理者只有紧密地合作，掌握软件缺陷处理技巧，在项目不同阶段，及时地审查、处理和跟踪每个软件缺陷，加速软件缺陷状态的变换，才能提高软件质量，促进项目的开展。

6.5　报告软件缺陷

一般人可能这样认为：报告发现的软件缺陷是软件测试过程中最简单的环节，与制订测试计划和实际测试工作相比，宣布发现的错误可能是最省时、最省力的工作。但事实并非如此，报告发现的软件缺陷实际上也是最困难的工作。

一份软件缺陷报告详细信息见表 6-8。

表 6-8 软件缺陷报告详细信息

分 类	项 目	简 述
可跟踪信息	缺陷 ID	唯一的、自动产生的缺陷 ID，用于识别、跟踪、查询
软件缺陷基本信息	缺陷状态	可分为"打开或激活的""已修正""关闭"等
	缺陷标题	简述缺陷的最主要信息
	缺陷的严重程度	一般分为"致命""严重""一般""较小"四种程度
	缺陷的优先级	简述处理缺陷的紧急程度，1 是优先级最高的等级，2 是正常的，3 是优先级最低的
	缺陷的产生频率	简述缺陷发生的可能性，以 1%～100%来表示
	缺陷提交人	缺陷提交人的名字(会和邮件地址联系起来)，一般就是发现缺陷的测试人员或其他人员
	缺陷提交时间	缺陷提交的时间
软件缺陷基本信息	缺陷所属项目/模块	缺陷所属的项目和模块，最好能较精确地定位至模块
	缺陷指定解决人	估计修复这个缺陷的开发人员，在缺陷状态下由开发组长指定相关的开发人员；也会自动和该开发人员的邮件地址联系起来，并自动发出邮件
	缺陷指定解决时间	开发管理员指定的开发人员修改此缺陷的时间
	缺陷验证人	验证缺陷是否真正被修复的测试人员；也会和邮件地址联系起来
	缺陷验证结果简述	对验证结果的简述(通过、不通过)
	缺陷验证时间	对缺陷验证的时间
缺陷的详细简述	步骤	对缺陷的操作过程，按照步骤，一步一步地简述
	期望的结果	按照设计规格说明书或用户需求，在上述步骤之后所期望的结果，即正确的结果
	实际发生的结果	程序或系统实际发生的结果，即错误的结果
测试环境说明	测试环境	对测试环境简述，包括操作系统、浏览器、网络带宽、通信协议等
必要的附件	图片、Log 文件	对于某些文字很难表达清楚的缺陷，使用图片等附件是必要的；对于软件崩溃现象，需要使用 Soft_ICE 工具去捕捉日志文件作为附件提供给开发人员

软件缺陷的详细简述，如上所述，由三部分组成：操作/重现步骤、期望结果、实际结果，有必要再做进一步的讨论：

(1) "步骤"提供了如何重复当前缺陷的准确简述，应简明而完备、清楚而准确。这些信息对开发人员是关键的，视为修复缺陷的向导，开发人员有时抱怨糟糕的缺陷报告，往往集中在这里。

(2) "期望结果"与测试用例标准或设计规格说明书或用户需求等一致，达到软件预期的功能。测试人员站在用户的角度要对它进行简述，它提供了验证缺陷的依据。

(3) "实际结果"是测试人员收集的结果和信息，以确认缺陷确实是一个问题，并标识那些影响到缺陷表现的要素。

6.5.1 报告软件缺陷的基本原则

在测试过程中，对于发现的大多数软件缺陷，要求测试人员简洁、清晰地把发现的问题报告给判断是否进行修复的小组，提供所需要的全部信息，然后才能决定怎么做。但是，由于软件开发模式的不同和修复小组的不固定性，将这样的决定过程运用于每个具体的小组开发的项目是不可能的。

报告软件缺陷的目的是保证修复错误的人员可以重复报告中的错误，从而有利于分析错误产生的原因，定位错误，然后修正错误。

报告软件缺陷的基本原则如下：

1．尽快报告软件缺陷

软件缺陷发现得越早，留下的修复时间就越多。

2．有效地简述软件缺陷

软件缺陷的基本简述是软件缺陷报告中测试人员对问题陈述的一部分，并且是软件缺陷报告的基础部分。一个好的简述需要使用简单、准确、专业的语言来抓住软件缺陷的本质，若简述含糊不清，可能会误导开发人员。

3．每一个报告只针对一个软件缺陷

如果在一个报告中有多个软件缺陷，最容易出现的结果是，只有第一个软件缺陷受到注意和修复，而其他软件缺陷往往被忘记或者忽视。软件缺陷应该分别报告，而不是堆在一起。这说起来容易，但是做起来不那么简单。例如，有一个缺陷报告如下："联机帮助软件文档中下述 10 个汉字出现书写错误。"显然，应该报告 5 个单独的软件缺陷。

4．在报告软件缺陷时不做任何评价

在软件测试过程中，测试人员是在寻找程序错误，所以测试人员和程序员之间容易形成对立关系。软件缺陷报告可能以软件测试人员工作"成绩报告单"的形式由程序员或开发小组其他人审查，因此软件缺陷报告中不应该带有倾向性以及个人的观点。例如"你设计的****代码很糟糕，根本无法工作，我相信你没有认真对待自己的工作"的报告让人无法接受。

5．补充和完善软件缺陷报告

从发现 Bug 那一刻起，测试人员的责任就是保证它被正确地报告，并且得到应有的重视，继续监视其修复的全过程。

以上概括了报告测试错误的规范要求，测试人员应该牢记这些关于报告软件缺陷的原则。这些原则几乎可以运用到任何交流活动中，尽管有时难以做到，然而，如果希望有效地报告软件缺陷，并使其得以修复，这些是测试人员要遵循的基本原则。

6.5.2 IEEE 软件缺陷报告模板

ANS/IEEE 829—1998 标准定义了一个称为软件缺陷报告的文档，用于报告"在测试期间发生的任何异常事件"，简言之，就是用于登记软件缺陷，如图 6.4 所示。

IEEE 829－1998软件测试文档编制标准

软件缺陷报告模板
目录
1．软件缺陷报告标识符
2．软件缺陷总结
3．软件缺陷描述
　　3.1　输入
　　3.2　期望得到的结果
　　3.3　实际结果
　　3.4　异常情况
　　3.5　日期和时间
　　3.6　软件缺陷发生步骤
　　3.7　测试环境
　　3.8　再现测试
　　3.9　测试人员
　　3.10　见证人
4．影响

图 6.4　软件缺陷报告模板

缺陷报告的示例如下所述。

一份优秀的缺陷报告记录下最少的重复步骤，不仅包括了期望结果，实际结果和必要的附件，还提供必要的数据、测试环境或条件，以及简单的分析，如图 6.5 所示。

优秀的缺陷报告

重现步骤：

　　a)　打开一个编辑文字的软件并且创建一个新的文档(这个文件可以录入文字)

　　b)　在这个文件里随意录入一两行文字

　　c)　选中一两行文字，通过选择Font 菜单然后选择Arial字体格式

　　d)　一两行文字变成了无意义的乱字符

期望结果：当用户选择已录入的文字并改变文字格式的时候，文本应该显示正确的文字格式不会出现乱字符显示。

实际结果：它是字体格式的问题，如果改变文字格式成Arial之前，保存文件，缺陷不会出现。

图 6.5　优秀的缺陷报告

而一份含糊而不完整的缺陷报告，缺少重建步骤，并且没有期望结果、实际结果和必要的图片，如图 6.6 所示。

含糊而不完整的缺陷报告

重现步骤：

打开一个编辑文字的软件，录入一些文字，选择Arial字体格式，文字变成了乱字符

期望结果：

实际结果：

图 6.6　含糊而不完整的缺陷报告

一份散漫的缺陷报告(无关的重建步骤,以及对开发人员理解这个错误毫无帮助的结果信息)如图 6.7 所示。

散漫的缺陷报告

重现步骤:

在 Window98 上打开一个编辑文字的软件并且编辑存在文件

文件字体显示正常

我添加了图片,这些图片显示正常

在此之后,我创建了一个新的文档

在这个文档中我随意录入了大量的文字

在我录入这些文字之后,选择几行文字.并且通过选择 Font 菜单然后选择 Arial 字体格式改变文字的字体。

有三次我重现了这个缺陷

我在 Solaris 操作系统运行这些步骤,没有任何问题。

我在 Mac 操作系统运行这些步骤,没有任何问题。

期望结果:当用户选择已录入的文字并改变文字格式的时候,文本应该显示正确的文字格式不会出现乱字符显示。

实际结果:我试着选择少量的不同的字体格式,但是只有 Arial 字体格式有软件缺陷,不论如何,它可能会出现在我没有测试的其他的字体格式。

图 6.7 散漫的缺陷报告

6.6 软件缺陷的跟踪管理

软件缺陷跟踪管理是测试工作的一个重要部分,测试的目的是尽早发现软件系统中的缺陷,因此,对缺陷进行跟踪管理,确保每个被发现的缺陷都能够及时得到处理是测试工作的一项重要内容。在实际的软件测试工作中,为了更高效地记录发现的软件缺陷,并在软件缺陷的整个生命周期中对其进行监控,常常运用缺陷跟踪管理系统。缺陷跟踪管理系统主要完成对缺陷报告的记录、分析和状态更新等管理。

1. 建立软件缺陷跟踪系统的优点

实践中需要软件缺陷跟踪系统,以便简述报告所发现的缺陷,处理软件缺陷属性,跟踪软件缺陷的整个生命周期和生成软件缺陷跟踪图表等。建立一套软件缺陷跟踪系统的优点概括起来有以下几点:

(1) 软件缺陷跟踪系统拥有软件缺陷跟踪数据库,它不仅可使软件缺陷的简述清楚,还提供统一的、标准化报告,使所有人的理解一致。

(2) 缺陷跟踪数据库允许自动连续的软件缺陷编号,还提供了大量供分析和统计的选项,这是手工方法无法实现的。

(3) 基于缺陷跟踪数据库,可快速生成满足各种查询条件的、所必要的缺陷报表、曲线图等,开发小组乃至公司的每一个人都可以随时掌握软件产品质量的整体状况或测试/开发的进度。

(4) 缺陷跟踪数据库提供了软件缺陷属性并允许开发小组根据项目的相对和绝对重要性来修复缺陷。

(5) 可以在软件缺陷的生命周期中管理缺陷，从最初的报告到最后的解决；确保了每一个缺陷不会被忽略，同时，它还可以使注意力保持在那些必须尽快修复的重要缺陷上。

(6) 当缺陷在它的生命周期中变化时，开发人员、测试人员以及管理人员将熟悉新的软件缺陷信息。一个设计良好的软件缺陷跟踪系统可以获取历史记录，并在检查缺陷的状态时参考历史记录。

(7) 在软件缺陷跟踪数据库中关闭每一份缺陷报告，都可以被记录下来。当产品送出去时，每一份未关闭的缺陷报告都提供了预先警告的有效技术支持，并且证明测试人员找到特殊领域突然出现的事件中的软件缺陷。

2. 缺陷跟踪系统的概述

一个缺陷跟踪系统需要实现如下几部分的功能：

(1) 缺陷的上报，当问题被发现后，可以通过系统进行提交、保留，方便跟踪。

(2) 缺陷录入系统后，项目经理应该可以通过缺陷跟踪系统进行浏览，定期获得最新的缺陷问题报告。

(3) 项目经理将缺陷问题报告通过缺陷跟踪系统转交给程序员，程序员可以通过缺陷跟踪系统知道自己负责修正的缺陷问题报告。

(4) 缺陷问题的修正处理，当程序员修复问题后，可以通过跟踪系统，通知项目经理问题已修复。

(5) 对于无法根据缺陷报告重现的问题，也可以通过跟踪系统，向项目经理及测试人员要求更多更详细的信息，并将缺陷问题返回至项目经理重新处理。

(6) 问题暂缓及申诉过程处理，对于缺陷报告提到的问题，如在当前版本无法实现或者缺陷与需求有冲突的时候，可以将问题置为"暂缓处理"或"提出申诉"。

(7) 对于优先等级较低的缺陷问题，可能不能被及时处理掉，但必须可以被查询。

(8) 缺陷跟踪系统可以提供跟踪项目的状态报告。

3. 目前主流的缺陷跟踪系统

目前缺陷跟踪系统还是比较多的，比较有名的如 Mercury 的 TestDirector、Seapine 的 Test Track Pro、TechExcel 的 DevTrack、Atlassian 的 JIRA 以及下面要重点介绍的 Mantis。

1) TestDirector

在工业级软件项目领域，由于 Mercury 是测试软件领域的老大(比较有名的如 LoadRunner、WinRunner 等)，因此它的 TD 也成了缺陷跟踪系统的标杆产品。其也是最早通过 Web 方式来进行管理的缺陷跟踪软件。不过由于其早期版本不能灵活地对项目管理流程进行配置，又由于其昂贵的价格，因此，目前应用的企业也不是很多。

2) Test Track Pro

Seapine 公司也是主要做项目管理软件的，Test Track Pro 同其同门配置管理产品 Surround SCM 可以完美结合并实现完整的代码级管理。其主要架构为 Client/Server，同时提供了 CGI 的 Web 访问接口，不过其高昂的价格也会让很多公司望而却步。其 License 分为两种，即 Named 和 Floating，分别为 US$295 和 US$795。

3) DevTrack

TechExcel 可以说是 CRM 系统以及 HelpDesk 系统的老大,它的产品在很多大公司(如 Oracle、IBM 等)里都有应用,最新发布的 DevTrack 功能也确实强大,在其项目配置的部分可以提供用户对各级项目相关人员的 UI 进行配置,同时也提供了最大的灵活度给客户,可视化自定义跟踪流程可以实现任何复杂的配置处理。与 Test Track Pro 相比,其功能可谓更胜一筹,用他们自己的话讲:"DevTrack – The market leading defect and project tracking tool from TechExcel。"官方网站上没有详细的报价,只是对其 SBE(Small Business Edition)有一个大概的报价(含维护费每人每年 149 美金)。其价格也确实符合其产品的层次。

4) JIRA

JIRA 是目前比较流行的基于 Java 架构的缺陷跟踪系统, 由于 Atlassian 公司对很多开源项目实行免费,提供缺陷跟踪服务,因此在开源领域,其认知度比其他的产品要高得多,而且易用性也好一些。同时, 开源则是其另一特色,在用户购买其软件的同时,也就将源代码也购置进来,方便做二次开发。正因为其开放性,价格上自然也不菲,中小型的软件企业若要做项目管理,则又要另寻出路。

5) Mantis

Mantis 是一个基于 PHP 技术的轻量级的缺陷跟踪系统,其功能与前面提及的 JIRA 系统类似,都是以 Web 操作的形式提供项目管理及缺陷跟踪服务。在功能上可能没有 JIRA 那么专业,界面也没有 JIRA 漂亮,但在实用性上足以满足中小型项目的管理及跟踪。更重要的是其开源,不需要负担任何费用。不过目前的版本还存在一些问题,期待在今后的版本中能够得以完善。

Mantis 采用了目前比较流行的 LAMP(Linux + Apache + MySQL + PHP)架构,不过也可以通过各个软件的 Windows 版本进行配置。本文中的运行环境就是基于 Windows 平台搭建的。

6.7 测试总结报告

测试总结报告的目的是总结测试活动的结果,并根据这些结果对测试进行评价。这种报告是测试人员对测试工作进行总结,并识别出软件的局限性和发生失效的可能性。测试总结报告是测试计划的扩展,起着对测试计划"封闭回路"的作用。在测试执行阶段的末期,应该为每个测试计划准备一份相应的测试总结报告,如图 6.8 所示。

(1) 测试总结报告标识符。报告标识符是标识报告的唯一 ID,用来方便测试总结报告的管理、定位和引用。

(2) 概述。该部分内容概要说明发生了哪些测试活动,包括软件的版本发布及环境等。这部分内容通常还包括测试计划、测试设计规格说明、测试用例提供的参考信息等。

IEEE 829—1998 软件测试文档编制

测试总结报告模板
目录
1. 测试总结报告标识符
2. 概述
3. 差异
4. 综合评价
5. 结果总结
　 5.1 已解决的意外事件
　 5.2 未解决的意外事件
6. 评价
7. 建议
8. 活动总结
9. 审批

图 6.8　测试总结报告

(3) 差异。该部分内容是报告与设计说明书，以及与测试计划、测试设计或测试规程的差异，并指出每个差异的原因。

(4) 综合评估。该部分内容是根据本报告中所展示的测试结果，提供对该软件的总体评估；标识在测试中检测到的任何遗留的缺陷、限制或约束，可用问题/变更报告提供缺陷信息；对每一遗留缺陷、限制或约束，应描述。

(5) 结果总结。该部分内容是列出所有问题及其解决情况，列出未解决的问题。

(6) 评价。该部分内容是提供每一个测试项目的评价，包含局限性评价，还要包含风险分析。

(7) 建议。该部分内容是对被测试软件的设计、操作或测试提供改进建议，应讨论每个建议及其对软件的影响。如果没有改进建议，本条应陈述为"无"。

(8) 活动总结。该部分内容是总结主要的测试活动和事件。

(9) 审批。这一部分列出对这个报告享有审批权的所有人员的姓名和职务，应留出用于署名和填写日期的空间。

6.8 测试的评测

测试的评测主要方法包括覆盖评测和质量评测。

覆盖评测是对测试完全程度的评测，它建立在测试覆盖基础上。测试覆盖是由测试需求和测试用例的覆盖或已执行代码的覆盖表示的。

最常用的覆盖评测是基于需求的测试覆盖和基于代码的测试覆盖，分别是指针对需求(基于需求的)或代码的设计/实施标准(基于代码的)而言的完全程度评测。

1. 基于需求的测试覆盖

基于需求的测试覆盖在测试过程中要评测多次，并在测试过程中，每一个测试阶段结束时给出测试覆盖的度量。例如，计划的测试覆盖、已实施的测试覆盖、已执行成功的测试覆盖等。

基于需求的测试覆盖率通过以下公式计算：

$$测试覆盖率 = \frac{T^{(p,i,s)}}{RfT} \times 100\%$$

其中：T 是用测试过程或测试用例表示的已计划(Plan)、已实施(Input)或已执行成功(Success)的测试需求数；RfT 是测试需求的总数。

在执行测试过程中，经常使用两个测试覆盖度量指标，一个是确定已执行(T^i)的测试覆盖率，另一个是确定成功(T^s)的测试覆盖率，即执行时未出现失败的测试覆盖率。

$$已执行的测试覆盖率 = \frac{T^i}{RfT} \times 100\%$$

可将 T^s 与已定义的成功标准对比，可用于预测剩余测试工作量。

$$成功的测试覆盖率 = \frac{T^s}{RfT} \times 100\%$$

2．基于代码的测试覆盖

基于代码的测试覆盖评测是测试过程中已经执行的代码数，与之相对应的是将要执行测试的剩余代码数。

基于代码的测试覆盖率通过以下公式计算：

$$基于代码的测试覆盖率 = \frac{Ie}{TIic} \times 100\%$$

其中：Ie 是用代码语句、代码分支、代码路径、数据状态判定点或数据元素名表示的已执行(Execute)代码数；TIic 是代码的总数。

基于代码的测试覆盖评测工作极有意义，因为任何未经测试的代码都是一个潜在的不利因素。

在一般情况下，代码覆盖运用于较低的测试等级(例如单元和集成级)时最为有效(PureCoverage，由开发人员进行)。

6.9 质 量 评 测

质量评测是对测试对象的可靠性、稳定性以及性能的评测。质量建立在对测试结果的评估和对测试过程中确定的缺陷及缺陷修复的分析基础上。

常用的测试有效性度量是围绕缺陷分析来构造的。

缺陷分析就是分析缺陷在与缺陷相关联的一个或者多个参数值上的分布。

缺陷分析提供了一个软件可靠性指标，这些分析为揭示软件可靠性的缺陷趋势或缺陷分布提供了判断依据。

对于缺陷分析，常用的主要缺陷参数有以下 4 个。

(1) 状态：缺陷的当前状态(打开的、正在修复的或关闭的等)。

(2) 优先级：修复缺陷的重要程度和应该何时修复。

(3) 严重性：软件缺陷的恶劣程度，反映其对产品和用户的影响等。

(4) 起源：导致缺陷的原因及其位置，或排除该缺陷需要修复的构件。

1．缺陷发现率

缺陷发现率是将发现的缺陷数量作为时间的函数来评测，即创建缺陷趋势图，如图 6.9 所示。

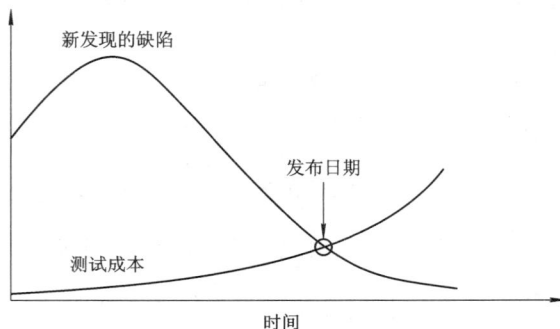

图 6.9　缺陷发现率

2．缺陷潜伏期

缺陷潜伏期通常也称为阶段潜伏期，是一种特殊类型的缺陷分布度量。

在实际测试工作中，发现缺陷的时间越晚，这个缺陷所带来的损害就越大，修复这个缺陷所耗费的成本就越多。所以，在一项有效的测试工作中，发现缺陷的时间往往会比一项低效的测试工作要早。表 6-9 显示了一个项目的缺陷潜伏期的度量。在一个实际项目中，可能需要对这个度量进行适当的调整，以反映特定的软件开发生命周期的各个阶段、各个测试等级的数量和名称。

表 6-9　一个项目的缺陷潜伏期的度量

缺陷产生阶段	发 现 阶 段									
	需求	总体设计	详细设计	编码	单元测试	集成测试	系统测试	验收测试	试运行产品	发布产品
需求	0	1	2	3	4	5	6	7	8	9
总体设计		0	1	2	3	4	5	6	7	8
详细设计			0	1	2	3	4	5	6	7
编码				0	1	2	3	4	5	6
总计										

注：数字表示缺陷的个数。

3．缺陷密度

软件缺陷密度是一种以平均值估算法来计算出软件缺陷分布的密度值。程序代码通常是以千行为单位的，软件缺陷密度是用下面公式计算的：

$$软件缺陷密度 = \frac{软件缺陷数量}{代码行或功能点的数量}$$

4．缺陷探测率

缺陷探测率是另一个衡量测试工作效率的软件质量成本的指标。

$$缺陷探测率 = \frac{测试发现的软件缺陷数}{测试发现的软件缺陷数 + 客户发现并反馈给技术支持人员进行修复的软件缺陷数}$$

习题与思考

1．软件缺陷的定义是什么？
2．如何简述软件缺陷？
3．软件缺陷有哪些类型？
4．软件缺陷有哪些属性？
5．软件缺陷等级应如何划分？
6．软件测试人员应如何正确面对软件缺陷？

7. 有些软件缺陷不能被修复的原因是什么？

8. 缺陷分离和再现的方法主要有哪些？

9. 列出处理软件缺陷的基本技巧。

10. 简述软件缺陷的生命周期。

11. 报告软件缺陷的基本原则是什么？

12. 软件缺陷数据库跟踪系统的作用是什么？

13. 简述软件缺陷数据库跟踪系统的实现原理。

14. 什么是覆盖测评？

15. 对于缺陷分析，常用的主要缺陷参数主要有哪几个？

16. 什么是软件缺陷发现率？

17. 什么是缺陷潜伏期？

18. 什么是缺陷密度？如何计算缺陷密度？

19. 测试的评测方法有哪些？

20. 测试总结报告的目的是什么？

21. 一般测试总结报告包括哪些内容？

第 7 章 测 试 项 目 管 理

学习目标

(1) 了解测试项目管理；
(2) 掌握主要的软件测试文档编写；
(3) 了解测试过程的管理；
(4) 了解测试风险的管理；
(5) 了解测试成本的管理；
(6) 了解测试的配置管理。

7.1 测试项目管理概述

7.1.1 测试项目与测试项目管理

1. 测试项目

测试项目是在一定的组织机构内，利用有限的人力和财力等资源，在指定的环境和要求下，对特定软件完成特定测试目标的阶段性任务。该任务应满足一定质量、数量和技术指标等要求。

测试项目一般具有如下一些基本特性：

1) 独特性

每个测试项目都有属于自己的一个或几个预定、明确的目标，都有明确的时间期限、费用、质量和技术等方面的要求。

2) 组织性

测试项目的完成需要一定的人员参与。在测试项目过程中，参与的人员可以有多种类型，但必须按照一定的规律进行组织和分工。

3) 生命周期

测试项目存在一个从开始到结束的过程，称为测试项目的生命周期。通常将项目的生命周期分成若干个阶段，即启动阶段、计划阶段、实施阶段、收尾阶段。

4) 资源消耗特性

测试项目的完成需要一定的资源，这些资源的类型是多种多样的，包括人力资源、经费、硬件设施等，以及执行项目过程中所需要使用的其他一些东西。

5）目标冲突性

每个测试项目都会在实施的范围、时间、成本等方面受到一定的制约，为了取得测试项目的成功完成，必须同时考虑范围、时间、成本三个主要因素，而这些因素往往会产生冲突。

6）结果的不确定因素

每个测试项目都是唯一的，但有时很难确切定义测试项目的目标、准确的质量标准、任务边界及软件测试结束时间，对于软件测试所需要的时间和经费也很难准确地作出估算。

2．测试项目管理

测试项目管理就是以测试项目为管理对象，通过一个临时性的专门的测试组织，运用专门的软件测试知识、技能、工具和方法，对测试项目进行计划、组织、执行和控制，并在时间成本、软件测试质量等方面进行分析和管理。测试项目管理贯穿整个测试项目的生命周期。

测试项目管理有以下基本特征：

(1) 系统工程的思想贯穿测试项目管理的全过程。测试项目管理将测试项目看成一个完整的有生命周期的系统，可以将软件系统测试分为几个阶段，每个阶段有不同的任务、特点和方法，分别按要求完成，任何阶段或部分任务的失败都可能对整个测试项目的结果产生影响。

(2) 测试项目管理的组织有一定的特殊性。项目管理的一个最为明显的特征即是其组织的特殊性。其特殊性表现在以下几个方面：

① 有了"项目组织"的概念，项目管理的突出特点是以项目本身作为一个组织单元，围绕项目来组织资源；

② 项目管理的组织是临时性的，由于项目是一次性的，而项目的组织是为项目的建设服务的，项目终结了，其组织的使命也就完成了；

③ 项目管理的组织是柔性的，所谓柔性即是可变的。项目的组织打破了传统的固定建制的组织形式，而是根据项目生命周期各个阶段的具体需要适时地调整组织的配置，以保障组织的高效、经济运行。

(3) 测试项目管理的要点是创造和保持一个使测试工作顺利进行的环境，使置身于这个环境中的人员能协调工作以完成预定的目标。

(4) 测试项目管理的方法、工具和技术手段具有先进性。项目管理采用科学先进的管理理论和方法。如采用网络图编制项目进度计划，采用目标管理、全面质量管理、价值工程、技术经济等理论和方法控制项目总目标；采用先进高效的管理手段和工具，主要是使用电子计算机进行项目信息处理等。

7.1.2　测试项目的范围管理

测试项目的范围管理就是界定项目所必须包含且只需包含的全部工作，并对其他的测试项目管理工作起指导作用，以确保测试工作顺利完成。

测试项目的范围管理从过程上来讲，主要包括启动、范围计划、范围定义、范围核实、范围的变更与控制等内容。范围管理的首要任务是界定项目包含且只包含所有需要完成的工作，"包含且只包含"的意义至少有以下三个方面：一是有足够多的工作必须做；二是不必要的工作不做；三是所做的工作都是为了实现项目(或项目一部分)的目标。在进行项目范围管理时，应当注意三点，即搞清需求、准确界定范围、变更控制要严。

项目目标确定后，下一步过程就是确定需要执行哪些工作或者活动来完成项目的目标，这就是要确定一个包含项目所有活动在内的一览表。

准备这样的一览表通常有两种方法：一种是让测试小组利用"头脑风暴法"，根据经验，集思广益来形成。这种方法比较适合小型测试项目；另一种是对更大更复杂的项目建立一个工作分解结构 WBS(Work Breakdown Structure)和任务的一览表。

工作分解结构跟因数分解是一个原理，就是把一个项目按一定的原则分解，项目分解成任务，任务再分解成一项项工作，再把一项项工作分配到每个人的日常活动中，直到分解不下去为止，即：项目→任务→工作→日常活动。工作分解结构以可交付成果为导向，对项目要素进行分组，它归纳和定义了项目的整个工作范围，每下降一层代表对项目工作的更详细定义。WBS 总是处于计划过程的中心，也是制订进度计划、资源需求、成本预算、风险管理计划和采购计划等的重要基础。

7.2　测　试　文　档

测试文档(Testing Documentation)是对要执行的软件测试及测试的结果进行简述、定义、规定和报告的任何书面或图示信息。测试过程实施所必备的核心文档是测试计划、测试用例(大纲)和软件测试报告。

软件测试是一个复杂的过程，同时也涉及软件开发中其他一些阶段的工作。软件测试对于保证软件的质量和软件的正常运行有着重要意义。因此，必须对软件测试的要求、规划、测试过程等有关信息和测试的结果，以及测试结果的评价、分析，以正式的文档形式给出。测试文档不只是在测试阶段才考虑的，它应该在软件开发初期的需求分析阶段就开始着手。因为测试文档与用户有着密切的关系，用户协助编制测试文档将有助于他们了解开发过程，也有助于用户弄清一些可能存在的模糊认识。

设计阶段的一些设计方案也应在测试文档中得到反映，以利于设计检验。测试文档对于测试阶段工作的指导与评价作用是非常明显的。测试文档的编写是测试管理的一个重要组成部分。

7.2.1　测试文档的作用

从以下几个方面可以说明测试文档的重要作用。

(1) 促进项目组成员之间的交流沟通。测试文档的编写和建立是进行一些标准认证的基本工作，它是测试小组成员间相互交流的基础和依据，可以使测试小组成员间的交流和沟通达到事半功倍的效果。

(2) 便于对测试项目的管理。测试文档可为管理者提供测试项目计划、预算、进度等方面的信息，已经成为质量标准化的一项基本工作。

(3) 决定测试的有效性。完成测试后，把测试结果写入文档，这为分析测试的有效性甚至整个软件的可用性提供了必要的依据。

(4) 检验测试资源。测试文档不仅要用文档的形式把测试过程以及要完成的任务规定下来，还应说明测试工作必不可少的资源，进而检验这些资源的可用性如何。

(5) 明确任务的风险。记录和了解测试任务的风险有助于测试小组对潜在的、可能出现的问题，事先做好思想上的准备。

(6) 评价测试结果。软件测试的目的是保证软件产品的最终质量，在软件开发过程中，对软件产品进行质量控制。完成测试后，将测试结果与预期的结果进行比较，便可对测试项目提出评价意见。

(7) 验证需求的正确性。测试文档中规定了用以验证软件需求的测试条件，研究这些测试条件对于弄清用户的需求意图是十分有益的。

7.2.2 主要软件测试文档

应根据一定的标准编写文档，使其具备一致的外观、结构和质量。

1. 软件测试文档

IEEE 829-1998 给出了软件测试主要文档的类型，如图 7.1 所示。

```
IEEE 829-1998 软件测试文档编制标准

软件测试文档模板

目录

测试计划

测试设计规格说明

测试用例说明

测试规程规格说明

测试日志

测试缺陷报告

测试总结报告
```

图 7.1　软件测试文档模板

2. 软件测试计划文档

软件测试计划主要对软件测试项目、所需要进行的测试工作、测试人员所应该负责的测试工作、测试过程、测试所需的时间和资源，以及测试风险等做出预先的计划和安排，如图 7.2 所示。

```
                IEEE 829-1998 软件测试文档编制标准
                    软件测试计划文档模板

        目录
        测试计划标识符
        介绍
        测试项
        需要测试的功能
        方法(策略)
        不需要测试的功能
        测试项通过/失败的标准
        测试中断和恢复的规定
        测试完成所提交的材料
        测试任务
        环境需求
        职责
        人员安排与培训需求
        进度表
        潜在的问题和风险
        审批
```

图 7.2　软件测试计划文档模板

3．测试设计规格说明文档

测试设计规格说明用于每个测试等级，以指定测试集的体系结构和覆盖跟踪，如图 7.3 所示。

```
                IEEE 829-1998 软件测试文档编制标准
                  软件测试设计规格说明文档模板

        目录
        测试设计规格说明标识符
        待测试特征
        方法细化
        测试标识
        通过/失败准则
```

图 7.3　软件测试设计规格说明文档模板

4．软件测试用例规格说明文档

软件测试用例规格说明用于简述测试用例，如图 7.4 所示。

```
                IEEE 829-1998 软件测试文档编制标准
                  软件测试用例规格说明文档模板

        目录
        测试用例规格说明标识符
        测试项
        输入规格说明
        输出规格说明
        环境要求
        特殊规程需求
        用例之间的相关性
```

图 7.4　软件测试用例规格说明文档模板

5．测试规程

测试规程用于指定执行一个测试用例集的步骤。

6．测试日志

测试日志是测试过程监控、测试结果和软件质量评估的基础，同时也是数据分析和过程改进的重要依据，如图 7.5 所示。

图 7.5　测试日志模板

7．软件缺陷报告

软件缺陷报告用来简述出现在测试过程或软件中的异常情况，这些异常情况可能存在于需求、设计、代码、文档或测试用例中，如图 7.6 所示。

图 7.6　软件缺陷报告模板

8. 测试总结报告

测试总结报告用于报告某个测试完成情况，如图 7.7 所示。

```
IEEE 829－1998 软件测试文档编制标准
            测试总结报告模板
目录
测试总结报告标识
总结
差异
综合评估
结果总结
特殊规程需求
评价
建议
活动总结
审批
```

图 7.7　测试总结报告模板

7.3　软件测试计划

软件测试计划就是简述所有要完成的测试工作，包括被测试项目的背景、目标、范围、方式、资源、进度安排、测试组织，以及与测试有关的风险等方面。测试计划的制订对于有效的测试至关重要。如果仔细地制订计划，那么测试的执行、分析以及测试结果的报告都会进行得非常顺利。随着测试走向规范化管理，测试计划成为测试管理必须完成的重要任务之一，软件测试计划作为软件项目的子计划，在项目启动初期是必须规划的。在越来越多公司的软件开发中，软件质量日益受到重视，测试过程也从一个相对独立的步骤越来越紧密嵌套在软件整个生命周期中，这样，如何规划整个项目周期的测试工作，如何将测试工作上升到测试管理的高度都依赖于测试计划的制订。测试计划因此也成为测试工作的赖于展开的基础。

7.3.1　制订测试计划的目的

制订测试计划的目的如下：

1. 使软件测试工作进行更顺利

软件测试计划明确地将要进行的软件测试采用的模式、方法、步骤以及可能遇到的问题与风险等内容都做了考虑和计划，这样会使测试执行、测试分析和撰写测试报告的准备工作更加有效，使软件测试工作进行得更顺利。

2．促进项目参加人员彼此的沟通

测试过程必须有相应的条件才能进行。如果程序员只是编写代码，而不说明它干什么、如何工作、何时完成，测试人员就很难执行测试任务。同样，如果测试人员之间不对计划测试的对象、测试所需的资源、测试进度安排等内容进行交流，整个测试项目就很难成功。

3．及早发现和修正软件规格说明书的问题

在编写软件测试计划的初期，首先要了解软件各个部分的规格及要求，这样就需要仔细地阅读、了解规格说明书。在这个过程中，可能会发现其中出现的问题，例如规格说明书的论述前后矛盾、简述不完整等。对规格说明书中的缺陷越早修正，对软件开发的益处越大，因为规格说明书从一开始就是软件开发工作的依据。

4．使软件测试工作更易于管理

制订测试计划的另一个目的，就是要对整个软件测试工作采取系统化的方式来进行，这样会使软件测试工作更易于管理。测试计划包含两种主要的管理方式，一是工作分解结构，二是监督和控制。

7.3.2 制订测试计划的原则

制订测试计划是软件测试中最有挑战性的一个工作。以下原则将有助于制订测试计划。

1．制订测试计划应尽早开始

越早制订测试计划，就可以从最根本的地方去了解所要测试的对象及内容，对完善测试计划是很有好处的。

2．保持测试计划的灵活性

测试计划不是固定的，在测试进行过程中会有一定的变动，测试计划的灵活性会对持续测试有很好的支持。

3．保持测试计划简洁和易读

测试计划做出来后应该能够让测试人员明白自己的任务和计划。

4．尽量争取多渠道评审测试计划

通过不同的人来发现测试计划中的不足及缺陷，可以很好地改进测试计划的质量。

5．计算测试计划的投入

投入到测试中的项目经费是一定的，我们制订测试计划时一定要注意测试计划的费用情况，要量力而行。

7.3.3 制订测试计划时面对的问题

制订测试计划时，测试人员可能面对以下问题，必须认真对待，并妥善予以处理。

1．与开发者意见不一致

这是一种很常见的情况，开发人员往往认为自己的程序是正确的，但是再聪明的程序员也有可能犯错误，特别是面对需求理解及把握方面的问题时，会产生特别大的分歧。

2．缺乏测试工具

软件测试不是只依靠人工就可以完成的，特别是软件规模越来越大，软件测试对工具的依赖也更加紧密了；甚至是为了发现特定的软件缺陷，需要特殊的工具，但是往往这些工具是需要费用的。

3．培训不够

公司一般都忽略了对软件测试人员的培训，测试人员的测试技巧及经验不足。

4．管理部门缺乏对测试工作的理解和支持

管理部门经常认为测试工作可有可无，对其支持不是很充分。

5．缺乏用户的参与

在测试的过程中，我们不能要求用户参与全过程，我们只能依靠自己对需求的理解及对用户的揣测来进行测试。

6．测试时间不足

测试是很花费时间的，但是项目测试的时间一般都不充分。

7．过分依赖测试人员

公司的管理人员往往把对软件的质量问题归咎在测试人员身上，但是很多问题往往是开发人员的疏忽造成的。

8．测试人员处于进退两难的状态

测试人员在项目进行过程中，往往由项目经理责罚测试不充分，但是开发人员对测试人员提出的问题又置之不理。

9．不得不说"不"

测试就是对软件质量提出质疑。对开发人员认为满意的作品进行批判，这是一个很难做的工作。

7.3.4　制订测试计划

制订测试计划时，由于各软件公司的背景不同，测试计划文档也略有差异。实践表明，制订测试计划时，使用正规文档通常比较好。

根据 IEEE 829－1998 软件测试文档编制标准的建议，测试计划包含了 16 个大纲要项，简要说明如下。

1．测试计划标识符

测试计划标识符是由公司生成的唯一值，它用于标识测试计划的版本、等级以及与测试计划相关的软件版本等。

2．简要介绍

测试计划的简要介绍部分主要是对测试软件基本情况的介绍和对测试范围的概括性简述。测试软件的基本情况主要包括产品规格(制造商和软件版本号的说明)，软件的运行平

台和应用的领域，软件的特点和主要功能模块的特点，数据的存储、传递，每一个部分是怎么实现数据更新的以及一些常规性的技术要求，还包括测试的侧重点。

3．测试项目

测试项目包括所测试软件的名称及版本，需要列出所有测试单项、外部条件对测试特性的影响和软件缺陷报告的机制等，具体要点如下：

(1) 功能测试。理论上测试要覆盖所有的功能项，例如，在数据库中添加记录等，这会是一项浩大的工程，但是有利于测试的完整性。

(2) 设计测试。设计测试是检验用户界面、菜单结构、窗体设计等是否合理的测试。

(3) 整体测试。整体测试需要测试数据在从软件中的一个模块流到另一个模块过程中的正确性。

IEEE 标准中指出，可以参考下面的文档来完成测试项目：

(1) 需求规格说明；

(2) 用户指南；

(3) 操作指南；

(4) 安装指南。

总的来说，测试需要分析软件的每一部分，明确其是否需要测试，并说明理由。

4．测试对象

测试计划的这一部分需要列出待测的单项功能及功能组合。这部分内容与测试项目不同。测试项目是从开发者或程序管理者的角度计划测试项目，而测试对象是从用户的角度规划测试的内容。

5．不需要测试的对象

测试计划的这一部分需要列出不测试的单项功能及组合功能，并说明不予测试的理由。

6．测试方法(策略)

这部分内容是测试计划的核心所在，需要给出有关测试方法的概述以及每个阶段的测试方法。这部分内容主要简述如何进行测试，并解释对测试成功与否起决定作用的所有相关问题。

7．测试项通过/失败的标准

这部分需要给出"测试项目"中简述的每一个测试项通过或失败的标准。正如每个测试用例都需要一个预期的结果一样，每个测试项目也同样都需要一个预期的结果。

一般来说，通过或失败的标准是由通过/失败的测试用例，缺陷的数量、类型、严重性和位置，可靠性或稳定性等来描述的。随着测试等级的不同和测试组织的不同，所采用的确切标准也会不同，下面是一些常见指标：

(1) 通过的测试用例占所有测试用例的比例。

(2) 缺陷的数量、严重程度和分布情况。

(3) 测试用例覆盖情况。

(4) 文档的完整性。

(5) 是否达到性能标准。

8．中断测试和恢复测试的判断准则

常用的判断测试中断的标准如下：

(1) 关键路径存在未完成任务；

(2) 大量的缺陷；

(3) 严重的缺陷；

(4) 测试环境不完整；

(5) 资源短缺。

9．测试完成所提交的材料

测试完成所提交的材料主要包含测试工作中开发设计的所有文档、工具等。例如，测试计划、测试设计规格说明、测试用例、测试日志、测试数据、自定义工具、测试缺陷报告和测试总结报告等。

10．测试任务

测试计划中这一部分需要给出测试前的准备工作以及测试工作所需完成的一系列任务。

11．测试所需的资源

测试所需的资源如下：

(1) 人员；

(2) 设备特性；

(3) 办公或实验空间；

(4) 软件；

(5) 其他资源，如 U 盘、通信设备、参考书等；

(6) 特殊测试工具。

12．测试人员的工作职责

测试人员的工作职责明确指出了测试任务和测试人员的工作责任。有时测试需要定义的任务类型不容易分清。复杂的任务可能有多个执行者，或者由多人共同负责。

13．人员安排与培训需求

人员安排与培训需求是指明确测试人员具体负责软件测试的哪些部分、哪些可测试性能，以及他们需要掌握的技能等。实际责任表会更加详细，以确保软件的每一部分都有人进行测试。

14．进度表

测试进度是围绕着包含在项目计划中的主要事件(如文档、模块的交付日期，接口的可用性等)来构造的。

作为测试计划的一部分，完成测试进度计划安排，可以为项目管理员提供信息，以便更好地安排整个项目的进度。

15．潜在的问题和风险

软件测试人员要明确地指出计划过程中的风险，并与测试管理员和项目管理员交换意

见。这些风险应该在测试计划中明确指出，在进度中予以考虑。

16．审批

审批人应该是有权宣布已经为转入下一个阶段做好准备的某个人或某几个人。

审批人除了在适当的位置签署自己的名字和日期外，还应该签署表明他们态度的评审意见。

上面是一份测试计划的基本框架，在编写测试计划过程中，可以根据所测试软件的特性、各测试部门的具体情况和条件，对测试计划各要素进行补充和修改，大可不必完全照搬。测试计划是一项全体测试人员共同参与的工作，根据项目大小，花费的时间长短不一，一般做好测试计划要花费几周甚至数月的时间。

7.3.5　如何做好测试计划

了解了测试计划的基本内容之后，我们应该想想该如何做好测试计划，除了上述的制定原则外，我们还应该注意以下问题：

1．明确测试的目标，增强测试计划的实用性

当今任何商业软件都包含了丰富的功能，因此，软件测试的内容千头万绪，如何在纷乱的测试内容之间提炼测试的目标，是制订软件测试计划时首先需要明确的问题。测试目标必须是明确的、可以量化和度量的，而不是模棱两可的宏观简述。另外，测试目标应该相对集中，避免罗列出一系列目标，从而轻重不分或平均用力。根据对用户需求文档和设计规格文档的分析，确定被测软件的质量要求和测试需要达到的目标。

编写软件测试计划的重要目的是使测试过程能够发现更多的软件缺陷，因此软件测试计划的价值取决于它对帮助管理测试项目并且找出软件潜在缺陷的帮助的大小。因此，软件测试计划中的测试范围必须高度覆盖功能需求，测试方法必须切实可行，测试工具必须具有较高的实用性、便于使用，生成的测试结果直观、准确。

2．坚持"5W1H"规则

明确内容与过程"What(做什么)""Why(为什么做)""When(何时做)""Where(在哪里)""Who(谁来做)""How(如何做)"。

(1) Why——指为什么要进行这些测试；

(2) What——测试哪些方面，即不同阶段的工作内容；

(3) When——测试不同阶段的起止时间；

(4) Where——相应文档、缺陷的存放位置，测试环境等；

(5) Who——项目有关人员的组成，即安排哪些测试人员进行测试；

(6) How——如何去做，即使用哪些测试工具以及测试方法进行测试。

3．采用评审和更新机制，保证测试计划满足实际需求

测试计划制订完成后，如果没有经过评审，直接发送给测试团队，测试计划内容可能不准确或遗漏测试内容，或者软件需求变更引起测试范围增减，而测试计划的内容没有及时更新，误导测试执行人员。

测试计划包含多方面的内容，编写人员可能受自身测试经验和对软件需求的理解所限，而且软件开发是一个渐进的过程，所以最初制订的测试计划可能是不完善的、需要更新的。需要采取相应的评审机制对测试计划的完整性、正确性、可行性进行评估。例如，在制订完测试计划后，提交到由项目经理、开发经理、测试经理、市场经理等组成的评审委员会审阅，根据审阅意见和建议进行修正和更新。

4．分别制订测试计划与测试详细规格、测试用例

编写软件测试计划要避免一种不良倾向，即测试计划的"大而全"，无所不包，篇幅冗长，长篇大论，重点不突出，既浪费写作时间，也浪费测试人员的阅读时间。"大而全"的一个常见表现就是测试计划文档包含详细的测试技术指标、测试步骤和测试用例。

最好的方法是把详细的测试技术指标包含到独立创建的测试详细规格文档，把用于指导测试小组执行测试过程的测试用例放到独立创建的测试用例文档或测试用例管理数据库中。测试计划和测试详细规格、测试用例之间是战略和战术的关系，测试计划主要从宏观上规划测试活动的范围、方法和资源配置，而测试详细规格、测试用例是完成测试任务的具体战术。

5．测试阶段的划分

就通常软件项目而言，基本上采用"瀑布型"开发方式，这种开发方式下，各个项目主要活动比较清晰，易于操作。整个项目生命周期为"需求－设计－编码－测试－发布－实施－维护"。然而，在制订测试计划时，有些测试经理对测试的阶段划分还不是十分明晰，经常性遇到的问题是把测试单纯理解成系统测试，或者把各类型测试设计(测试用例的编写和测试数据准备)全部放入生命周期的"测试阶段"，这样造成的问题是浪费了开发阶段可以并行的项目日程，另一方面造成测试不足。

6．系统测试阶段日程安排

划分阶段清楚了，随之而来的问题是测试执行需要的时间长短。标准的工程方法或CMM 方式是对工作量进行估算，然后得出具体的估算值。但是这种方法过于复杂，可以另辟专题讨论。一个可操作的简单方法是：根据测试执行上一阶段的活动时间进行换算，为上一阶段活动时间的 1.1～1.5 倍。举个例子，对测试经理来说，因为开发计划可能包含了单元测试和集成测试，系统测试的时间大概是编码阶段(包含单元测试和集成测试)的1 到 1.5 倍。这种方法的优点是简单，依赖于项目计划的日程安排；缺点是水分太多，难于量化。那么，可以采用的另一个简单方法是经验评估。

经验评估方法如下：

(1) 计算需求文档的页数，得出系统测试用例的页数：

$$需求页数：系统测试用例页数 \approx 1：1$$

(2) 由系统测试用例页数计算编写系统测试用例时间：

$$编写系统测试用例时间 \approx 系统测试用例页数 \times 1 \ 小时$$

(3) 计算执行系统测试用例时间：

$$编写系统用例时间：执行系统测试用时 \approx 1：2$$

(4) 计算回归测试包含的时间：

$$系统测试时间：回归测试用时 \approx 2：1$$

7. 变更控制

测试计划改变了已往根据任务进行测试的方式，因此，为使测试计划得到贯彻和落实，测试组人员必须及时跟踪软件开发的过程，对产品提交测试做准备。测试计划的目的，本身就是强调按规划的测试战略进行测试，淘汰以往以任务为主的临时性。在这种情况下，测试计划中强调对变更的控制显得尤为重要。

变更来源于以下几个方面：

(1) 项目计划的变更。

(2) 需求的变更。

(3) 测试产品版本的变更。

(4) 测试资源的变更。

测试阶段的风险主要是由上述变更所造成的不确定性，有效地应对这些变更就能降低风险发生的概率。要想计划本身不成为空谈和空白无用的纸质文档，对不确定因素的预见和事先防范必须做到心中有数。

尽管上面尽可能地简述了测试计划如何制定才能"完美"，但是还存在的问题是对测试计划的管理和监控。一份计划投入再多的时间去做也不能保证按照这份计划实施。好的测试计划是成功的一半，另一半是对测试计划的执行。对小项目而言，一份更易于操作的测试计划更为实用，对中型乃至大型项目，测试经理的测试管理能力就显得格外重要，要确保计划不折不扣地执行下去，测试经理的人际协调能力、项目测试的操作经验、公司的质量现状都能够对项目测试产生足够的影响。另外，计划也是"动态的"！不必要把所有的因素都可能囊括进去，也不必要针对这种变化额外制订"计划的计划"。测试计划制订不能在项目开始后束之高阁，而是紧追项目的变化，实时进行思考和贯彻，根据现实修改，然后成功实施，这才能实现测试计划的最终目标——保证项目最终产品的质量！

7.4 测试的组织与人员管理

7.4.1 测试的组织与人员管理概述

测试项目成功完成的关键因素之一就是要有高素质的软件测试人员，并将他们有效地组织起来，分工合作，形成一支精干的队伍，使他们发挥出最大的工作效率。测试的组织与人员管理是测试项目不可缺少的管理职能，将会直接影响软件测试工作的效率和软件产品的质量。在管理人员的经验中，常常有这样的情况：如果问题是属于技术方面的，应对的方法是多研究，寻找解决方案；如果问题出现在"人"的议题上，则几乎没有标准答案可以提供。"人"的问题多少是体现在人员的组织和管理上。

测试的组织与人员管理就是对测试项目相关人员在组织形式、人员组成与职责方面所做的规划和安排。

测试的组织与人员管理的任务是：

(1) 为测试项目选择合适的组织结构模式。

(2) 确定项目组内部的组织形式。

(3) 合理配备人员，明确分工和责任。

(4) 对项目成员的思想、心理和行为进行有效的管理，充分发挥他们的主观能动性，密切配合实现项目的目标。

测试的组织与人员管理应注意的原则是：

(1) 尽快落实责任。测试的准备工作在分析和设计阶段就开始了，在软件项目的开始就要尽早指定专人负责，让他有权去落实与测试有关的各项事宜。

(2) 减少接口。要尽可能地减少项目组内人与人之间的层次关系，缩短通信的路径，方便人员之间的沟通，提高工作效率。

(3) 责任明确、均衡。项目组成员都必须明确自己在项目组中的地位、角色和职责，各成员所负的责任不应比委任的权力大，反之亦然。

7.4.2 软件测试对组织结构和人员的要求

软件测试是在有关测试组织领导下进行的具体工作，对组织结构和人员有具体的要求。

1. 对组织结构的要求

软件测试是由组织和人员进行的测试工作，具体的组织结构如图 7.8 所示。

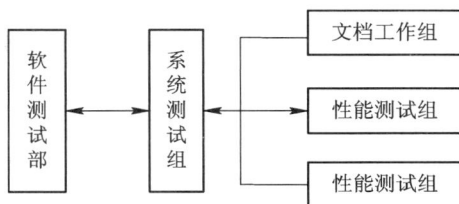

图 7.8 组织结构图

测试工作的有关人员结构如图 7.9 所示。

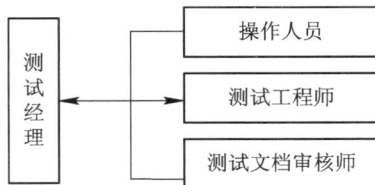

图 7.9 测试工作的有关人员结构图

2. 对人员的要求

1) 合理地组织人员

软件测试人员最好具有软件开发经验，理解软件工程的知识。软件测试过程中，必须要合理地组织人员。将软件测试的人员分成三部分：一部分为上机测试人员(测试执行者)；

一部分为测试结果检查核对人员(测试工具软件开发工程师)；还有一部分是测试数据制作人员(高级软件测试工程师)。这三部分人员应该紧密配合，互相协调，保证软件测试工作的顺利进行。

(1) 上机测试人员。上机测试人员负责理解产品的功能要求，然后根据测试规范和测试案例对其进行测试，检查软件有没有错误，确定软件是否具有稳定性，承担最低级的执行角色。

(2) 测试结果检查核对人员。测试结果检查核对人员负责编写测试工具代码，并利用测试工具对软件进行测试，或者开发测试工具为软件测试工程师服务。

(3) 测试数据制作人员。测试数据制作人员要具备编写程序的能力。因为不同产品的特性不一样，对测试工具的要求也是不同的，就像 Windows 的测试工具不能用于 Office，Office 的测试工具也不能用于 SQL Server，微软的很多测试工程师就是专门负责为某个产品写测试程序的。

(4) 测试经理。测试经理主要负责测试内部管理以及与其他外部人员、客户的交流等，测试经理需要具备项目经理所具备的知识和技能。同时，项目经理在测试工作开始前需要书写"测试计划书"，在测试结束时需要书写"测试总结报告"。

(5) 测试文档审核师。测试文档审核师主要负责前置测试，包括对在需求期与设计期间产生的文档(如"需求规格说明书""概要设计书""详细设计书"等)进行审核。审核时需要书写审核报告。当文档确定后，需要整理文档报告，并且反映给测试工程师。

(6) 测试工程师。测试工程师主要根据需求期与设计期间产生的文档设计制作测试数据和各个测试阶段的测试用例。

(7) 操作人员。操作人员(测试人员、测试专员)的主要工作就是执行测试工程师提供的测试用例，从而发现 Bug。

2) 软件测试人员需要的知识

软件测试不是一个可以很快入门的行业，它的门槛高，需要的知识多，具有编程经验的程序员不一定是一名优秀的测试工程师。软件测试已经成为了一个独立的技术学科，软件测试技术不断更新和完善，新工具、新流程、新测试设计方法都在不断出现。如果没有合格的测试人员，测试工作是不可能高质高效完成的。软件测试人员需要的知识结构如下：

(1) 懂得计算机的基本理论，又有一定的开发经验。

(2) 了解软件开发的基本过程和特征，对软件有良好的理解能力，掌握软件测试相关理论及技术。

(3) 有软件业务经验。

(4) 能够根据测试计划和方案进行软件测试，针对软件需求开发测试模型，制定测试方案，安排测试计划，搭建测试环境，进行基本测试，设计简单的测试用例。

(5) 能够规划设计环境，编制测试大纲并设计测试用例，对软件进行全面测试工作。

(6) 能够编制测试计划，评审测试方案，规范测试流程及测试文档，分析测试结果，管理测试项目。

(7) 会操作软件测试工具。

3) 软件测试人员需要的素质

(1) 沟通能力。一名理想的测试者必须能够与测试涉及的所有人进行沟通，具有与技术人员(开发者)和非技术人员(客户、管理人员等)交流的能力。和用户交流的重点必须放在系统可以正确地处理什么和不可以处理什么上。和开发者交流信息时，必须将这些话重新组织，以另一种方式表达出来。测试小组的成员必须能够同等地同用户和开发者沟通。在沟通交流时，要注意以下几点：

① 设身处地为客户着想，从他们的角度去测试系统。

② 考虑问题要全面，结合客户的需求、业务的流程和系统的构架等多方面考虑问题。

③ 提出问题时不要将其复杂化。

(2) 技术能力。测试人员应该在开发人员研究的基础上，更好地理解新技术，读懂程序。读懂程序可以使测试工作非常高效地完成。不懂内部程序的人，是不能完成测试工作的。

一个测试者必须既明白被测软件系统的概念，又要会使用工程中的那些工具，要做到这一点需要有几年的编程经验，前期的开发经验可以帮助较深入地理解软件开发过程，从开发人员的角度正确地评价测试。

(3) 自信心。开发者经常会指出测试者的错误，测试者必须对自己的观点有足够的自信心。如果不容许别人指正自己的错误，那就难以完成更多工作。

(4) 洞察力。一个好的测试工程师会持有"测试是为了破坏"的观点，具有捕获用户观点的能力，强烈追求高质量的意识，对细节的关注能力，对高风险区的判断能力，以便将有限的测试聚焦于重点环节。

做测试时要细心，不是所有的 Bug 都能很容易地找出，一定要细心才能找出这些 Bug。测试人员进行测试的时间分配应该是：30%的时间用于读程序，20%的时间用于写测试程序，50%的时间用于写测试用例和运行测试用例。好的测试员的工作重点应该放在理解要求，理解客户需要，思考在什么条件下程序会出错，而不是思考如何去自动化。

(5) 探索精神。软件测试员不会害怕进入陌生环境，他们喜欢将新软件安装在自己的机器上，观察结果。

(6) 不懈努力。软件测试员总是不停地尝试。他们可能会碰到"转瞬即逝"或难以重建的软件缺陷。他们不会心存侥幸，而是尽一切可能去寻找缺陷。

(7) 创造性。测试显而易见的结果，那不是软件测试员的工作。他们的工作是采取富有创意甚至超常的手段来寻找缺陷。

(8) 追求完美。软件测试员力求完美，但是知道某些目标无法企及时，他们不会去苛求，而是尽力接近目标。

(9) 判断准确。软件测试员要决定测试内容、测试时间，以及所看到的问题是否是真正的缺陷。

(10) 老练稳重和说服力。软件测试员不害怕坏消息。他们必须告诉程序员，你的程序有问题。优秀的软件测试知道怎样老练地处理这些问题，怎样和不够冷静的程序员合作。

软件测试员找出的软件缺陷有时会被认为不重要、不用修复，这时要善于表达观点，表明软件缺陷必须修复，并通过实际演示来证明自己的观点。

7.5 软件测试过程管理

现代软件测试过程管理不是仅锁定在测试阶段，软件测试过程管理在各个阶段的具体内容是不同的，但在每个阶段，测试任务的最终完成都要经过从计划、设计、执行到结果分析、总结等一系列步骤，这构成软件测试的一个基本过程。通过软件测试过程管理，我们要尽量达到测试成本最小化、测试流程和测试内容完备化、测试手段可行化和测试结果实用化的理想目标。

7.5.1 测试项目的跟踪与监控

项目跟踪是以项目计划为基线，跟踪项目实际进展。项目跟踪要回答的问题如下：

(1) 目前在哪里？

(2) 要到达哪里？

(3) 如何到达那里？

(4) 是不是在走向那里？

项目控制是运用项目跟踪所提供的信息使得项目实际业绩与计划相一致的具体行动。项目控制主要着眼于项目的三个因素：质量、成本、时间。

软件的测试过程管理基于广泛采用的"V"模型。"V"模型支持系统测试周期的任何阶段。基于"V"模型，左边是设计与分析，是软件设计实现过程，右边是对左边的结果的验证，是动态测试过程，即对设计和分析的结果进行测试，以确认是否满足用户的需求。

7.5.2 测试项目的过程管理

软件测试过程管理主要集中在软件测试项目启动、测试计划制订、测试用例设计、测试执行、测试结果审查和分析，以及如何开发或使用测试过程管理工具，概括起来包括如下基本内容：

1. 测试项目启动

首先要确定项目组长，只有把项目组长确定下来，就可以组建整个测试小组，并可以和开发等部门开展工作。接着参加有关项目计划、分析和设计的会议，获得必要的需求分析、系统设计文档，以及相关产品/技术知识的培训和转移。

2. 制订测试计划

确定测试范围、测试策略和测试方法，以及对风险、日程表、资源等进行分析和估计。

3. 测试设计和测试开发

制订测试的技术方案，设计测试用例，选择测试工具，写测试脚本等。测试用例设计要事先做好各项准备才开始进行，最后还要让其他部门审查测试用例。

4．测试实施和执行

建立或设置相关的测试环境，准备测试数据，执行测试用例，对发现的软件缺陷进行报告、分析、跟踪等。测试执行没有很高的技术性，但其是测试的基础，直接关系到测试的可靠性、客观性和准确性。

5．测试结果的审查和分析

当测试执行结束后，对测试结果要进行整体或综合分析，以确定软件产品质量的当前状态，为产品的改进或发布提供数据和依据。从管理来讲，要做好测试结果的审查和召开分析会议，以及做好测试报告或质量报告的写作、审查。

7.6 软件测试风险管理

软件测试项目存在着风险，但如果在项目管理中预先重视风险的评估，并对要出现的风险有所防范，就可以最大限度地减少风险的发生或降低风险所带来的损失。

1．风险的基本概念

风险可定义为"伤害、损坏或损失的可能性；一种危险的可能，或一种冒险事件"。风险涉及一个事件发生的可能性，涉及该事件产生的不良后果或影响。软件风险是指开发不成功引起损失的可能性，这种不成功事件会导致公司商业上的失败。在软件测试中，不可能对系统的所有方面进行测试，会存在用户发现缺陷的可能性，称为测试风险。

2．软件风险分类

不同类型的测试项目有不同的风险。相同类型的项目，测试风险也各不相同，取决于测试环境、客户、项目团队、采用的技术和工具等。根据风险出现的情况可分为可避免的风险和不可避免的风险两种。

在软件测试过程中经常会遇到的风险主要有以下 7 类。

(1) 时间进度风险：用户需求发生重大变更及设计计划的大幅调整给测试带来风险，导致测试时间、资金投入增加。

(2) 对产品认识的风险：对产品质量需求或产品特性理解不准确，造成测试范围分析误差，出现测试盲区或验证标准错误。

(3) 质量目标风险：质量标准不是很清晰，如适用性测试、易用性测试等。

(4) 人员风险：测试开始后，相关测试人员因故不能及时到位。

(5) 测试环境的依赖性风险：特定测试环境不到位，包括真实环境及仿真环境。

(6) 测试充分性风险：测试用例设计不到位，忽视了部分边界条件、深层次的逻辑、用户场景等；部分软件缺陷不易重现以及回归测试一般不运行全部测试用例，有选择性地执行。

(7) 工具风险：能否及时准备相关测试工具，测试人员对新工具无法熟练运用等情况也时有发生。

3．软件风险分析

在开发新的软件系统过程中，由于存在许多不确定因素，软件开发失败的风险是客观存在的。因此，风险分析对于软件项目管理是决定性的。风险分析实际上就是贯穿在软件工程过程中的一系列风险管理步骤，其中包括风险识别、风险估计、风险管理策略、风险解决和风险监督等。

风险分析包括两个部分。

(1) 发生的可能性：发生问题的可能性有多大。

(2) 影响严重性：如果问题发生了，会有什么后果。

通常风险分析采用两种方法，即表格分析法和矩阵分析法。通用的风险分析表包括以下几项内容：

(1) 风险标识(ID)：表示风险事件的唯一标识；

(2) 风险问题：问题发生现象的简要描述；

(3) 发生的可能性：可能性值从 1(低)～10(高)；

(4) 影响的严重性：严重性值从 1(低)～10(高)；

(5) 风险预测值：发生可能性和影响严重性的乘积；

(6) 风险优先级：风险预测值从高到低的排序。

4．软件测试风险

软件测试风险是软件测试过程出现的或潜在的问题，造成的原因主要是测试计划的不充分、测试方法有误或测试过程的偏离，造成测试的补充以及结果不准确。

软件测试项目存在着风险，在测试项目管理中，预先重视风险评估，并对可能出现的风险有所防范，就可以最大限度地减少风险的发生或降低风险所带来的损失。风险的管理基本的内容有两项：风险评估和风险控制。

1) 风险评估

风险评估是在风险识别的基础上，对识别出来的风险进行评估，主要从下面四个方面入手：

(1) 风险概率分析，即对风险发生的可能性设置一个尺度，如很高、较高、中等、较低、很低等；

(2) 简述风险并预测风险发生后，对软件产品和测试结果可能产生的影响或造成的损失等；

(3) 确定风险评估的正确性，要对每个风险的表现、范围、时间做出尽量准确的判断；

(4) 根据损失(影响)和风险概率的乘积，来确定风险的优先级别，制定风险应对措施。

2) 风险控制

风险控制建立在风险评估的结果上，主要工作原则有：

(1) 针对有些可以避免的风险，例如测试用例执行率未达到 100%，可以通过制定测试规范，要求测试人员严格按照测试用例执行测试，并记录用例执行情况，来避免该类风险；

(2) 有些不可避免的风险，采取措施降低风险，尤其是等级较高的风险，将其转化为不会引起严重后果的等级较低的风险；

(3) 凡事预则立，事先做好风险管理计划，当风险成为现实时，可以更好地避免、转移或降低风险；

(4) 对风险的处理制定应急、高效的解决方案。

要想做好风险管理工作，就必须彻底改变测试项目的管理方式，建立防患于未然的管理意识，并结合具体的实践工作不断地分析遇到的风险，总结各种风险的应对措施，指导实践，降低产品质量风险。

7.7 软件测试成本管理

进行软件测试可以提高软件项目的控制水平，在软件测试领域多一分投入，带来的回报就相应地增加一分。具体来说，在项目早期，测试有助于发现缺陷，降低系统修复成本。测试可以将由于软件质量问题造成的风险降到最低。

7.7.1 软件测试成本管理概述

软件测试项目成本管理就是根据企业的情况和软件测试项目的具体要求，利用公司的资源，在保证软件测试项目的进度、质量达到客户满意的情况下，对软件测试项目成本进行有效的组织、实施、控制、跟踪、分析和考核等一系列管理活动，最大限度地降低软件测试项目的成本，提高项目利润。

7.7.2 软件测试成本管理中的基本概念

对于一般项目，项目的成本主要由项目直接成本、管理费用和期间费用等构成。项目直接成本就是能直接算进项目成本里去的成本，包括直接人工费用、直接材料费用和其他直接费用。项目管理费用是指为了组织、管理、控制项目所发生的费用，一般指项目间接费用。项目期间费用是指与项目的完成没有直接关系，费用的发生基本上不受项目业务量增减所影响的费用，例如日常行政管理费用。

1. 测试费用有效性

风险承受的确定，从经济学的角度考虑就是确定需要完成多少测试，以及进行什么类型的测试；确定软件存在的缺陷是否可以接受，如果可以，能承受多少。测试的策略不再主要由软件人员和测试人员来确定，而是由商业的经济利益来决定的。

"太少的测试是犯罪，而太多的测试是浪费。"对风险测试得过少，会造成软件的缺陷和系统的瘫痪；而对风险测试得过多，会对本来没有缺陷的系统进行没必要的测试，或者是对轻微缺陷的系统所花费的测试费用远远大于缺陷给系统造成的损失。

2．测试成本控制

成本控制是项目管理中的一个重点，所有的人都在关心项目成本。一个美国项目管理教授曾幽默地说："世界上的人都戴着放大镜在看钱，尤其是美国人。"不计其数的项目由于资金问题遭到挫折或夭折，迫使人们不敢有丝毫大意。

测试成本控制也称为项目费用控制，就是在整个测试项目的实施过程中，定期收集项目的实际成本数据，与成本的计划值进行对比分析，并进行成本预测，及时发现并纠正偏差，使项目的成本目标尽可能好地实现。

测试工作的主要目标是使测试产能最大化，也就是要使通过测试找出错误的能力最大化，而检测次数最小化。

测试的成本控制目标是使测试开发成本、测试实施成本和测试维护成本最小化。

在软件产品测试过程中，测试实施成本主要包括测试准备成本、测试执行成本和测试结束成本。

3．质量成本

企业为了获取利润，需花费大量的资金进行测试。在质量方面的投资会产生利润。测试是一种带有风险性的管理活动，可以使企业减少因为软件产品质量低劣而花费的不必要的成本。

1）质量成本要素

质量成本要素主要包括一致性成本和非一致性成本。一致性成本是指用于保证软件质量的支出，包括预防成本和测试预算，如测试计划、测试开发、测试实施费用。非一致性成本是由出现的软件错误和测试过程故障(如延期、劣质的发布)引起的。追加测试时间和资金就是一种由于内部故障引起的非一致性成本。非一致性成本还包括外部故障(软件遗留错误影响客户)引起部分。一般情况下，外部故障非一致性成本要大于一致性成本与内部故障非一致性成本之和。

2）质量成本计算

质量成本计算公式如下：

$$质量成本 = 一致性成本 + 非一致性成本$$

4．缺陷探测率

缺陷探测率是另一个衡量测试工作效率的软件质量成本的指标。

$$缺陷探测率 = \frac{测试发现的软件缺陷数}{测试发现的软件缺陷数 + 客户发现并反馈给技术人员进行修复的软件缺陷数} \times 100\%$$

缺陷探测率越高，也就是测试发现的错误越多，发布后客户发现的错误就越少，从而可以降低外部故障非一致性成本，从而节约总成本，可获得较高的测试投资回报率。

$$投资回报率 = \frac{节约的成本 - 利润}{测试投资} \times 100\%$$

7.7.3　软件测试项目成本管理的基本原则和措施

当一个测试项目开始后，就会发生一些不确定的事件。测试项目的管理者一般都在一种不能够完全确定的环境下管理项目，项目的成本费用可能出现难以预料的情况。因此，必须有一些可行的措施和办法来帮助测试项目的管理者进行项目成本管理，实施整个软件测试项目生命周期内的成本度量和控制。

1．软件测试项目成本的控制原则

1）坚持成本最低化原则

软件测试项目成本控制的根本目的在于，通过成本管理的各种手段，不断降低软件测试项目成本，以达到可实现的最低的目标成本要求。

2）坚持全面成本控制原则

全面成本管理是整个测试团队、全体测试人员和测试全过程的管理，亦称"三全"管理。

3）坚持动态控制原则

软件测试项目是一次性的，成本控制应强调项目的中间控制，即动态控制。

4）坚持项目目标管理原则

目标管理的内容包括：① 目标的设定和分解；② 目标的责任到位和执行；③ 检查目标的执行结果；④ 评价目标和修正目标；⑤ 形成目标管理的计划、实施、处理循环。

5）坚持责、权、利相结合的原则

在软件测试施工过程中，软件测试项目负责人和测试人员在肩负成本控制责任的同时，享有成本控制的权力，同时要对成本控制中的业绩进行定期的检查和考评，实行有奖有罚。只有做到责、权、利相结合的成本控制，才能收到预期的效果。

2．软件测试项目成本控制措施

1）组织措施

软件测试项目负责人是项目成本管理的第一责任人，全面组织软件测试项目的成本管理工作，应及时掌握和分析盈亏状况，并迅速采取有效措施；负责技术工作的测试人员应在保证质量、按期完成任务的前提下尽量采取先进技术，以降低工程成本；负责财务工作的人员应及时分析项目的财务收支情况，合理调度、控制资金。

2）技术措施

技术措施包括三个方面：一是制订先进的经济合理的测试方案，以达到缩短工期、提高质量、降低成本的目的；二是在软件测试过程中努力寻求各种降低消耗、提高工效的新工艺、新技术来降低成本；三是严把质量关，杜绝返工现象。

3）经济措施

经济措施包括三个方面：一是人工费控制管理；二是材料费控制管理；三是软件测试工具费控制管理。

软件测试项目成本管理的目的就是确保在批准的预算范围内完成软件测试项目所需的各个过程。成本管理是软件测试项目管理的一个主要内容，就目前来看，成本管理是软件测试项目管理中一个比较薄弱的方面，许多软件测试项目由于成本管理不善，造成整个软件造价的成本上升，软件质量得不到保证。

7.8 软件测试配置管理

一般应用过程方法和系统方法来建立软件测试管理体系，也就是把测试管理作为一个系统，对组成这个系统的各个过程加以识别和管理，以实现设定的系统目标。同时要使这些过程协同作用、互相促进，从而使它们的总体作用大于各过程作用之和。其主要目标是在设定的条件限制下，尽可能发现和排除软件缺陷。测试配置管理是软件配置管理的子集，作用于测试的各个阶段。其管理对象包括测试计划、测试方案(用例)、测试版本、测试工具及环境、测试结果等。

一般来说，软件测试配置管理包括 5 个最基本的活动。

1．配置标识

一般认为，软件生命周期各个阶段活动的产物经审批后即可称为软件配置项。 软件配置项包括：

(1) 与合同、过程、计划和产品有关的文档和资料；

(2) 源代码、目标代码和可执行代码；

(3) 相关产品，包括软件工具、库内的可重用软件、外购软件及顾客提供的软件等。

配置标识是配置管理的基础，唯一地标识软件配置项和各种文档，使它们可用某种方式访问。配置标识的目标是在整个系统生命周期中标识系统的组件，提供软件和软件相关产品之间的追踪能力。

配置标识实例常用的一种表示方法为"项目名称—所属阶段产品名称—版本号"。其中版本号的约定如下：以 V 开头，版本号可分 3 个小节，即主版本号、次版本号和内部版本号，每小节以"."间隔。

例如"教务管理系统—软件设计—详细设计说明书—V2.2.1"。

如果项目名称或所属阶段用汉字表示，会使配置标识过长，可采用简写的数字或拼音代码。如教务管理系统用 EMS 表示。

2．版本控制

在项目开发过程中，绝大部分的配置项都要经过多次修改才能最终确定下来。对配置项的任何修改都将产生新的版本。由于我们不能保证新版本一定比老版本"好"，所以不能抛弃老版本。版本控制的目的是按照一定的规则保存配置项的所有版本，避免发生版本丢失或混淆的现象，并且可以快速准确地查找到配置项的任何版本。

3．变更控制

变更控制的目的并不是控制变更的发生，而是对变更进行管理，确保变更有序进行。对于软件开发项目来说，发生变更的环节比较多，因此变更控制显得格外重要。

项目中引起变更的因素有两个：一是来自外部的变更要求，如客户要求修改工作范围和需求等；二是开发过程内部的变更要求，如为解决测试中发现的一些错误而修改源码甚至设计。比较而言，最难处理的是来自外部的需求变更，因为 IT 项目需求变更的概率大，引发的工作量也大。

变更控制不能仅在过程中靠流程控制，有效的方法是在事前明确定义。事前控制的一种方法是在项目开始前明确定义，否则"变化"也无从谈起；另一种方法是评审，特别是对需求进行评审，这往往是项目成败的关键。需求评审的目的不仅是"确认"，更重要的是找出不正确的地方并进行修改，使其尽量接近"真实"需求。另外，需求通过正式评审后应作为重要基线，从此之后即开始对需求变更进行控制。

4．配置状态报告

配置状态报告是用于记载软件配置管理活动信息和软件基线内容的标准报告，其目的是及时、准确地给出软件配置项的当前状态，使受影响的组和个人可以使用它，同时报告软件开发活动的进展状况。通过不断的记录状态报告可以更好地进行统计分析，便于更好地控制配置项，更准确地报告开发进展状况。

5．配置审计

配置审计是指在配置标识、配置控制、配置状态记录的基础上对所有配置项的功能及内容进行审查，以保证软件配置项的可跟踪性。

配置审计是对软件进行验证的一种方法，其目的是检查软件产品和过程是否符合标准、规格说明和规程。配置审计的对象既可以是软件产品，又可以是软件过程；既可以是整个软件产品或过程，又可以是部分软件产品或过程。其主要任务是：

(1) 检查配置项是否完备，特别是关键的配置项是否遗漏；

(2) 检查所有配置项的基线是否存在，基线产生的条件是否齐全；

(3) 检查每份技术文档作为某个配置项版本的简述是否精确，是否与相关版本一致；

(4) 检查每项已批准的更改是否都已实现；

(5) 检查每项配置项更改是否按配置更改规程或有关标准进行；

(6) 检查每个配置管理人员的责任是否明确，是否尽到了应尽的责任；

(7) 检查配置信息安全是否受到破坏，评估安全保护机制的有效性。

习题与思考

1. 什么是测试项目管理？
2. 测试项目管理有哪些基本特征？
3. 什么是测试项目范围管理？
4. 测试文档的重要作用有哪些？
5. 主要的软件测试文档有哪些？
6. 制订测试计划的原则是什么？
7. 制订测试计划的目的是什么？
8. 制订测试计划时要面对哪些问题？
9. 如何做好测试计划？
10. 一份好的测试计划书应具备哪些特点？

11. 软件测试计划模板一般包括哪些要素？
12. 举例说明测试所需要的资源。
13. 测试的组织和人员管理的任务是什么？
14. 测试人员的能力包括哪些？
15. 软件测试人员需要的素质有哪些？
16. 什么是测试的配置管理？
17. 什么是配置审计？
18. 软件测试配置管理包括哪些最基本的活动？
19. 变更控制主要有哪些内容？
20. 什么是软件的测试风险？
21. 软件风险分析的目的是什么？
22. 什么是测试成本控制？
23. 成本质量要素有哪些？

第 8 章　软件自动化测试概述

学习目标

(1) 了解自动化测试;

(2) 了解自动化测试和手工测试的区别;

(3) 了解常见测试工具类型。

8.1　软件自动化测试的产生

随着计算机日益广泛的应用，计算机软件越来越庞大和复杂，软件测试的工作量也越来越大。

随着人们对软件测试工作的重视，大量的软件自动化测试工具不断涌现出来，自动化测试能够满足软件公司想在最短的进度内充分测试其软件的需求，一些软件公司在这方面的投入，会对整个开发工作的质量、成本和周期带来非常明显的效果。

软件自动化测试是软件测试的发展方向，但是，如果盲目追求自动化测试，则有可能导致软件测试的失败。本章介绍如何开展软件自动化测试，以及软件自动化测试的管理方法。

8.2　软件自动化测试的概念

软件自动化测试就是通过测试工具或其他手段，按照测试工程师的预定计划对软件产品进行自动的测试，它是软件测试的一个重要组成部分，能够完成许多手工无法完成或者难以实现的测试工作。正确、合理地实施自动化测试，能够快速、全面地对软件进行测试，从而提高软件质量，节省经费，缩短产品发布周期。

软件自动化测试是一项让计算机代替测试人员进行软件测试的技术，是指编写软件去测试其他软件。

自动化测试的目标是对被测试系统进行自动测试。总的来说，自动化测试的目标是通过较少的开销，得到更彻底的测试，并提高产品的质量。

软件自动化测试有如下特点:

(1) 可以对程序的新版本自动执行回归测试；

(2) 可以执行一些手工测试困难或不可能进行的测试；

(3) 可以更好地利用资源；

(4) 测试具有一致性和可重复性；

(5) 可以更快地将软件推向市场；

(6) 可以增加软件信任度。

8.3　软件自动化测试的意义

通常，软件测试的工作量很大，测试会占到 40% 的开发时间，一些可靠性要求非常高的软件，测试时间甚至占到开发时间的 60%，而测试中的许多操作是重复性的、非智力性的和非创造性的，并要求准确细致地完成，计算机就最适合于代替人工去完成这样的任务。

软件自动化测试就是一项让计算机代替测试人员进行软件测试的技术，相对于手工测试而言，自动化测试主要是通过所开发的软件测试工具、脚本等来实现的，具有良好的可操作性、可重复性和高效率等特点。

为了更好地理解自动化测试的意义，需要从三个方面考虑：一是手工测试的局限性；二是软件自动化测试所带来的好处；三是自动化测试的局限性。

1．手工测试的局限性

手工测试是不可替代的，因为人具有很强的判断能力。但在有些情况下，手工测试的局限性我们也不能忽视。

(1) 通过手工测试无法做到覆盖所有代码路径。

(2) 简单的功能性测试用例在每一轮测试中都不能少，而且具有一定的机械性、重复性，工作量往往较大。

(3) 许多与时序、死锁、资源冲突、多线程等有关的错误，通过手工测试很难捕捉到。

(4) 进行系统负载、性能测试，需要模拟大量数据或大量并发用户等各种应用场合时，很难通过手工测试来进行。

(5) 进行系统可靠性测试时，需要模拟系统运行 10 年、数十年，以验证系统能否稳定运行，这也是手工测试无法模拟的。

(6) 如果有大量的测试用例，需要在短时间内(如 1 天)完成，手工测试几乎不可能做到。

(7) 难以做到回归测试。

2．软件自动化测试所带来的好处

自动化测试有很强的优势，即借助计算机的计算能力可以重复、不知疲倦地运行。

使用测试工具的目的就是要提高软件测试的效率和软件测试的质量。通常，自动化测试的好处有：产生可靠的系统；改进测试工作质量；减少测试工作量并加快测试进度。

1) 产生可靠的系统

测试工作的主要目标一是找出缺陷，从而减少应用中的错误；二是确保系统的性能满足用户的期望。为了有效地支持这些目标，在开发生命周期的需求定义阶段，当开发和细化需求时则应着手测试工作。使用自动化测试可改进所有的测试领域，包括测试程序开发、测试执行、测试结果分析、故障状况和报告生成。它还支持所有的测试阶段，包括单元测试、集成测试、系统测试、验收测试与回归测试等。

通过使用自动化测试可获得的效果归纳如下：

(1) 需求定义的改进；

(2) 性能测试的改进；

(3) 负载/压力测试的改进；

(4) 高质量测量与测试最佳化；

(5) 改进与开发组人员之间的关系；

(6) 改进系统开发生命周期。

2) 改进测试工作质量

通过使用自动化测试工具，可增加测试的深度与广度，改进测试工作质量。其具体好处可归纳如下：

(1) 改进多平台兼容性测试；

(2) 改进软件兼容性测试；

(3) 改进普通测试执行；

(4) 使测试集中于高级测试问题；

(5) 可执行手工测试无法完成的测试；

(6) 可重现软件缺陷；

(7) 测试无需用户干预。

3) 减少测试工作量并加快测试进度

善于使用测试工具来进行测试，其节省时间并加快测试工作进度是毋庸置疑的，这也是自动化测试的主要优点。

3. 自动化测试的局限性

1) 自动化测试不能取代手工测试

在进行自动化测试前，首先要建立一个对软件测试自动化的认识观。软件测试工具能提高测试效率、覆盖率和可靠性等，自动化测试虽然具有很多优点，但它只是测试工作的一部分，是对手工测试的一种补充。自动化测试绝不能代替手工测试，下列情况不适合于自动化测试：

(1) 周期短并且一次性的项目。

(2) 进度非常紧张的项目。

(3) 使用了很多第三方或自定义控件的项目。

(4) 软件不稳定，如软件升级版本时，用户界面和功能频繁变化，此时自动化测试相应部分修改的开销较大。而软件不稳定时，手工测试可以很快发现故障。

(5) 结果很容易通过人验证的测试。该种情况下的自动化测试非常困难甚至不可能，如彩色模式的合适程度、屏幕轮廓的直观效果，或选择制订的屏幕对象是否能够播放正确的声音等。

(6) 涉及物理交互的测试，如在读卡机上划卡，断开设备的物理连接、开关电源等。

2) 手工测试比自动测试发现的故障要多

自动化测试主要是进行重复测试。一般情况下，自动化测试进行的工作是以前进行过的，因此被测试软件在自动化测试中暴露的故障要少得多。

自动化测试主要用于回归测试，进行正确性验证测试，而不是故障发现测试。据经验数据统计，自动化测试只能发现约 15% 的故障，而手工测试可以发现约 85% 的故障。

3) 自动化测试不能提高测试的有效性

自动化测试仅用于提高测试的效率，即减少测试的开销和时间。

4) 自动化测试不具有想象力

(1) 自动化测试是通过测试软件进行的，测试过程只是按照运行机制执行。手工测试时可以直接判断测试结果的正确性，而自动化测试在许多情况下的测试结果还需要人工干预判断。

(2) 手工测试可以处理意外事件，如网络连接中断，此时必须重新建立连接。手工测试时可以及时处理该意外，而自动化测试时该意外事件一般都会导致测试的中止。

8.4 开展自动化测试的方法

自动化测试应该被当成一个项目来开展，自动化测试工程师应该具备额外的素质和技能，并且在开展自动化测试的过程中，要注意合理的管理和计划，从而确保自动化测试成功实施。

1．选取合适的测试项目来开展自动化测试

自动化测试只有在多次运行后，才能体现出自动化的优势，只有不断地运行自动化测试才能有效预防缺陷、减轻测试人员手工的回归测试的工作量。如果一个项目是短期的并且是一次性的项目，则不适合开展自动化测试。

2．自动化测试介入的时机

过早的自动化测试会带来维护成本的增加，因为早期的程序界面一般不够稳定，处于频繁更改的状态，这时候进行自动化测试往往得不偿失，疲于应付"动荡"的界面。

自动化测试不应该在界面尚未稳定的时候开始，但是，并不意味着不需要计划和准备工作。在项目初期，就要考虑工具的选择问题。

3．自动化测试工程师的基本素质和技能要求

自动化测试工程师应该具备一定的自动化测试基础，包括自动化测试工具的基础、自动化测试脚本的开发基础知识等；还需要了解各种测试脚本的编写、设计方法，知道在什么时候选取怎样的测试脚本开发方式和如何维护测试脚本；需要具备一定的编程技巧，熟悉某些测试脚本语言的基本语法和使用方法。

4．自动化测试的成本

成功开展自动化测试必须考虑自动化测试的成本问题。成本包括测试人员、测试设备、测试工具等。

8.5　软件自动化测试的原理和方法

软件自动化测试实现的基础是可以通过设计的特殊程序模拟测试人员对计算机的操作过程、操作行为，或者类似于编译系统那样对计算机程序进行检查。

软件测试自动化实现的原理和方法主要有：

1．代码分析

代码分析类似于高级编译系统，一般针对不同的高级语言构造分析工具，在工具中定义类、对象、函数、变量等的定义规则、语法规则；在分析时对代码进行语法扫描，找出不符合编码规范的地方；根据某种质量模型评价代码质量，生成系统的调用关系图等。

2．捕获和回放

代码分析是一种白盒测试的自动化方法，捕获和回放则是一种黑盒测试的自动化方法。

捕获是将用户每一步操作都记录下来。这种记录的方式有两种：程序用户界面的像素坐标或程序显示对象(窗口、按钮、滚动条等)的位置，以及相对应的操作、状态变化或是属性变化。所有的记录转换为一种脚本语言所描述的过程，以模拟用户的操作。

回放时，将脚本语言所描述的过程转换为屏幕上的操作，然后将被测系统的输出记录下来同预先给定的标准结果比较。这可以大大减轻黑盒测试的工作量，在迭代开发的过程中能够很好地进行回归测试。

目前的自动化负载测试解决方案几乎都是采用"录制—回放"的技术。所谓的"录制—回放"技术，就是先由手工完成一遍需要测试的流程，同时由计算机记录下这个流程期间客户端和服务器端之间的通信信息，这些信息通常是一些协议和数据，并形成特定的脚本程序(Script)。然后在系统的统一管理下同时生成多个虚拟用户，并运行该脚本，监控硬件和软件平台的性能，提供分析报告或相关资料。这样，通过几台机器就可以模拟出成百上千的用户，从而对应用系统进行负载能力的测试。

3．脚本技术

脚本是一个特定测试的一系列指令，这些指令可以被自动化测试工具执行。脚本可以通过录制测试的操作产生，然后再做修改，这样可以减少脚本编程的工作量。当然，也可以直接用脚本语言编写脚本。

脚本的产生有两种方式：一种是通过录制测试的操作产生；另一种是直接用脚本语言编写。

脚本技术可以分为以下几类：

(1) 线性脚本：是录制手工执行的测试用例得到的脚本。

(2) 结构化脚本：类似于结构化程序设计，具有各种逻辑结构(顺序、分支、循环)，而且具有函数调用功能。

(3) 共享脚本：是指某个脚本可被多个测试用例使用，即脚本语言允许一个脚本调用另一个脚本。

(4) 数据驱动脚本：是指将测试输入存储在独立的数据文件中。

(5) 关键字驱动脚本：是数据驱动脚本的逻辑扩展。

4．虚拟用户技术

虚拟用户技术通过模拟真实用户的行为来对被测程序(Application Under Test，AUT)施加负载，以测量 AUT 的性能指标值，如事务的响应时间、服务器的吞吐量等。

虚拟用户技术以真实用户的"商务处理"(用户为完成一个商业业务而执行的一系列操作)作为负载的基本组成单位，用"虚拟用户"(模拟用户行为的测试脚本)来模拟真实用户。

虚拟用户技术可以模拟来自不同 IP 地址、不同浏览器类型以及不同网络连接方式的请求。

8.6　软件自动化测试工具

软件自动化测试工具的种类很多，按照测试工具的用途和收费方式可分为用于管理测试的、帮助实现测试自动化的、开源及免费共享的。

8.6.1　测试工具分类

1．按照测试方法分类

1) 白盒测试工具

白盒测试工具一般是针对代码进行测试，常用的白盒测试工具集有 Parasoft 和 Compuware,见表 8-1 和表 8-2。测试中发现的缺陷可以定位到代码级，根据测试工具原理的不同，又可以分为静态测试工具和动态测试工具。

表 8-1　Parasoft 白盒测试工具集

工具名	支持语言环境	简　　介
Jtest	Java	代码分析和动态类、组件测试
Jcontract	Java	实时性能监控以及分析优化
C++ Test	C，C++	代码分析和动态测试
CodeWizard	C，C++	代码静态分析
Insure++	C，C++	实时性能监控以及分析优化
.test	.Net	代码分析和动态测试

表 8-2　Compuware 白盒测试工具集

工具名	支持语言环境	简　　介
BoundsChecker	C++，Delphi	API 和 OLE 错误检查、指针和泄露错误检查、内存错误检查
TrueTime	C++，Java，Visual Basic	代码运行效率检查、组件性能的分析
FailSafe	Visual Basic	自动错误处理和恢复系统
Jcheck	MS Visual J++	图形化的线程和事件分析工具
TureCoverage	C++，Java，Visual Basic	函数调用次数、所占比率统计以及稳定性跟踪
SmartCheck	Visual Basic	函数调用次数、所占比率统计以及稳定性跟踪
CodeReview	Visual Basic	自动源代码分析工具

(1) 静态测试工具：直接对代码进行分析，不需要运行代码，也不需要对代码编译链接，生成可执行文件。

(2) 动态测试工具：动态测试工具与静态测试工具不同，它一般采用"插桩"的方式，向代码的可执行文件中插入一些监测代码，用来统计程序运行时的数据。

2) 黑盒测试工具

黑盒测试工具包括功能测试工具和性能测试工具。黑盒测试工具的一般原理是利用脚本的录制(Record)/回放(Playback)，模拟用户的操作，然后将被测系统的输出记录下来同预先给定的标准结果比较。

黑盒测试工具的代表有 Rational 公司的 TeamTest、Compuware 公司的 QACenter。常见的黑盒功能测试工具如表 8-3 所示。

表 8-3　常见黑盒功能测试工具

工具名	公司名	官方网站
WinRunner	Mercury Interactive	http://www.merc-inc.com
Astra Quicktest	Mercury Interactive	http://www.merc-inc.com
LoadRunner	Mercury Interactive	http://www.merc-inc.com
Robot	IBM/Rational	http://www-306.ibm.com/software/rational/
TeamTest	IBM/Rational	http://www-306.ibm.com/software/rational/
QARun	Compuware	http://compuware.com
QACenter	Compuware	http://compuware.com
SilkTest	Segue Software	http://www.segue.com
SilkPerformer	Segue Software	http://www.segue.com
e-Test	Empirix	http://www.empirix.com
e-Load	Empirix	http://www.empirix.com
WAS	MS	http://www.microsoft.com
WebLoad	Radview	http://www.radview.com
OpenSTA	OpenSTA	http://www.opensta.com

2．按照测试的对象和目的分类

软件测试工具按照测试的对象和目的大致可分为单元测试工具、功能测试工具、负载测试工具、性能测试工具、Web 测试工具、数据库测试工具、回归测试工具、嵌入式测试工具、页面链接测试工具、测试设计与开发工具、测试执行和评估工具、测试管理工具等。

3．按测试工具的用途分类

软件测试工具按照其用途，可大致分为测试管理工具、功能测试工具、性能测试工具、单元测试工具、测试用例设计工具。

(1) 测试管理工具用于管理测试的整个工作过程以及过程中产生的各种相关文档、数据、记录和报告等。常用的测试管理工具有 TestDirector 和 TestManager 等。其中 TestDirector 的使用率最高。

(2) 功能测试工具是指用于自动化执行功能测试脚本的工具，一般采用基于录制回放的机制。

(3) 性能测试工具通常指那些用来支持压力、负载测试，能够用来录制和生成脚本、设置和部署场景、产生并发用户和向系统施加持续压力的工具。

(4) 单元测试工具一般指用于单元测试的测试框架，这些测试工具提供单元测试的一些接口，管理单元测试的执行。常见的单元测试工具有 XUnit 系列、MSTest 等。

(5) 测试用例设计工具指用于辅助测试用例的设计或测试数据生成的工具，一般常用的有 TD。

4．按测试工具的收费方式分类

1）商业测试工具

商业测试工具的特点是需要花钱购买，但是会相对成熟和稳定，并且有一定的售后服务和技术支持。但是，由于其价格昂贵，并不是每一个企业都能负担得起的。

商业测试工具主要集中在 GUI 功能测试和性能测试方面，目前流行的基于 GUI 的功能自动化测试工具有 Robot、QTP、TestComplete 等。各种自动化测试工具实现的功能基本相同，但是在 IDE、脚本开发语言、支持的脚本开发方式、支持的控件等方面则有很多不同之处。

2）开源测试工具

开源软件是指软件的源代码是公开发布的，通常是由自愿者开发和维护的软件。开源测试工具是测试工具的一个重要分支。越来越多的软件企业开始使用开源测试工具。但是开源并不意味着完全的免费，开源测试工具同样需要考虑使用的成本，并且在某些方面可能要比商业测试工具的成本还要高。目前常用的开源测试工具有 Mantis、Bugzilla、TestLink。

3）自主开发测试工具

目前，很多软件测试组织其实已经具备了自己动手开发测试工具的条件。

市场对于测试工具的接受程度在不断提高，人们对测试工具的认识不断加强和深入，对测试工具原理的理解不断提高。从脚本化到数据驱动，再到关键字驱动等，很多新的测试工具理念被引入并被广泛接受。

由于技术的成熟，测试工具变得容易构建。软件系统现在变得更容易测试，可测试性更强，COM、XML、HTTP、HTML 等标准化的接口使得测试更加容易进行。托管程序(例如 Java、.NET)的反射机制使查找定位对象，以及捕捉对象和操作对象更加容易。

一些开源的框架可以被利用，因此可利用开源框架平台来组合、搭建适合自己测试项目使用的测试平台和测试框架。

8.6.2　目前市场上主流的测试工具

目前市场上专业开发软件测试工具的公司很多，比如 MI 公司、IBM Rational 公司等。

1．MI 公司的产品

1）LoadRunner

LoadRunner 是一种预测系统行为和性能的负载测试工具。通过模拟上千万用户实施并发负载及实时性能监测的方式来确认和查找问题，LoadRunner 能够对整个企业架构进行测试。通过使用 LoadRunner，企业能最大限度地缩短测试时间、优化性能和加速应用系统的发布周期。LoadRunner 是一种适用于各种体系架构的自动负载测试工具，它能预测系统行为并评估系统性能。

LoadRunner 主要功能如下：

(1) 轻松创建虚拟用户。LoadRunner 可以记录下客户端的操作，并以脚本的方式保存，然后建立多个虚拟用户，在一台或几台主机上模拟上百或上千虚拟用户同时操作的情景，同时记录下各种数据，并根据测试结果分析系统瓶颈，输出各种定制压力测试报告。

(2) 使用 Virtual User Generator，能简便地创立起系统负载。该引擎能生成虚拟用户，以虚拟用户的方式模拟真实用户的业务操作行为。利用虚拟用户，在不同的操作系统的机器上同时运行上万个测试，从而反映出系统真正的负载能力。

(3) 创建真实的负载。LoadRunner 能建立持续且循环的负载，限定负载又能管理和驱动负载测试方案，而且可以利用日程计划服务来定义用户在什么时候访问系统以产生负载，使测试过程高度自动化。

(4) 定位性能问题。LoadRunner 内含集成的实时监测器，在负载测试过程的任何时候，可以观察到应用系统的运行性能，实时显示交易性能数据和其他系统组件的实时性能。

(5) 分析结果以精确定位问题所在。测试完毕后，LoadRunner 收集、汇总所有的测试数据，提供高级的分析和报告工具，以便迅速查找到问题并追溯原由。

此外，LoadRunner 完全支持基于 Java 平台应用服务器 Enterprise Java Beans 的负载测试，支持无限应用协议 WAP 和 I-mode，支持 Media Stream 应用，可以记录和重放任何流行的多媒体数据流格式来诊断系统的性能问题，查找原由，分析数据的质量。

2) WinRunner

2006 年以前，Mercury Interactive 公司的 WinRunner 是一种企业级的功能测试工具，用于检测应用程序是否能够达到预期的功能及正常运行。

WinRunner 的特点在于：与传统的手工测试相比，它能快速、批量地完成功能点测试；能针对相同测试脚本，执行相同的动作，从而消除人工测试所带来的理解上的误差；此外，它还能重复执行相同动作，因此测试工作中最枯燥的部分可交由机器完成；它支持程序风格的测试脚本，一个高素质的测试工程师能借助它完成流程极为复杂的测试，通过使用通配符、宏、条件语句、循环语句等，还能重用测试脚本；它针对于大多数编程语言和 Windows 技术，提供了较好的集成、支持环境，对基于 Windows 平台的应用程序实施功能测试带来了极大的便利。其主要功能包括：

(1) 轻松创建测试；

(2) 插入检查点；

(3) 检验数据；

(4) 增强测试；

(5) 运行测试；

(6) 分析结果；

(7) 维护测试。

3) TestDirector

TestDirector 是全球最大的软件测试工具提供商 Mercury Interactive 公司生产的企业级测试管理工具，也是业界第一个基于 Web 的测试管理系统，它可以在公司内部或外部进行全球范围内测试的管理。通过在一个整体的应用系统中集成测试管理的各个部分，包括需求管理、测试计划、测试执行以及错误跟踪等功能，TestDirector 极大地加速了测试过程。

TestDirector 将测试过程流水化，从测试需求管理到测试计划、测试日程安排、测试执行，到出错后的错误跟踪，仅在一个基于浏览器的应用中便可完成，而不需要每个客户端都安装一套客户端程序。

(1) 需求管理。程序的需求驱动整个测试过程。TestDirector 的 Web 界面简化了这些需求管理过程，以此可以验证应用软件的每一个特性或功能是否正常。它通过提供一个比较直观的机制将需求和测试用例、测试结果和报告的错误联系起来，从而确保能达到最高的测试覆盖率。

(2) 测试计划的制订。其 Test Plan Manager 指导测试人员如何将应用需求转换为具体的测试计划，组织起明确的任务和责任，并在测试计划期间为测试小组提供关键要点和 Web 界面来协调团队间的沟通。

(3) 人工与自动测试的结合。多数的测试项目需要人工与自动测试结合，启用一个自动化切换机制，能让测试人员决定哪些重复的人工测试可转变为自动脚本以提高测试速度。TestDirector 还能简化将人工测试切换到自动测试脚本的转换，并可立即启动测试设计过程。

(4) 安排和执行测试。测试计划一旦建立，TestDirector 的测试实验室管理就为测试日程制订提供一个基于 Web 的框架。其 Smart Scheduler 能根据测试计划中创立的指标对运行着的测试执行监控，能自动分辨是系统还是应用错误，然后将测试切换到网络的其他机器。使用 Graphic Designer，可以很快地将测试分类以满足不同的测试目的，如功能性测试、负载测试、完整性测试等。

(5) 缺陷管理。TestDirector 的出错管理直接贯穿于测试的全过程，从最初发现问题到修改错误，再到验证修改结果。利用出错管理，测试人员只需进入一个 URL，就可汇报和更新错误，过滤整理错误列表并作趋势分析。

(6) 图形化和报表输出。TestDirector 常规化的图表和报告帮助对数据信息进行分析，还以标准的 HTML 或 Word 形式提供生成和发送正式测试报告。测试分析数据还可简便地输入到标准化的报告工具，如 Excel、ReportSmith、CrystalReports 和其他类型的第三方工具。

4) QTP

QTP(Quick Test Professional)是一种自动测试工具。使用 QTP 的目的是用它来执行重复的手动测试，主要是用于回归测试和测试同一软件的新版本。因此在测试前要考虑好如何对应用程序进行测试，例如要测试哪些功能、操作步骤、输入数据和期望的输出数据等。

2．IBM Rational 公司的产品

1) Rational Testmanager

Rational TestManager 是一个开放的可扩展的架构，它统一了所有的工具、制造(Artifacts)

和数据，而数据是由测试工作产生并与测试工作(Effort)关联的。在这个唯一的保护伞(Umbrella)下，测试工作中的所有负责人(Stakeholder)和参与者能够定义和提炼他们将要达到的质量目标。

2) Rational ClearQuest

ClearQuest 是 IBM Rational 公司提供的缺陷及变更管理工具。它对软件缺陷或功能特性等任务记录提供跟踪管理。

3) Rational Robot

Rational Robot 提供了软件测试的功能，正如其名 robot(机器人)，它提供了许多类似机器人的重复过程，供测试用。

Rational Robot 可以对在各种独立开发环境(IDE)中开发的应用程序，创建、修改并执行功能测试、分布式功能测试、回归测试以及整合测试，记录并回放能识别业务应用程序对象的测试脚本，可以快速、有效地跟踪、报告与质量保证测试相关的所有信息，并将这些信息绘制成图表。Robot 的回归测试与 Purify 结合使用完成可靠性测试，与 PureCoverage 结合使用完成代码覆盖计算，与 Rational Quantify 结合使用完成应用程序性能测试。

Rational Robot 是一个面向对象的软件测试工具，主要针对 Web、ERP 和 C/S 进行功能自动化测试；可以降低在功能测试上的人力和物力的投入成本和风险，测试包括可见的和不可见的对象。

Rational Robot 可以开发运用三种测试脚本：用于功能测试的 GUI 脚本、用于性能测试的 VU 脚本以及 VB 脚本。

Rational Robot 具有以下功能和作用：

(1) 执行完整的功能测试。记录和回放遍历应用程序的脚本以及测试在查证点处的对象状态。

(2) 执行完整的性能测试。通过 Rational Robot 与 Rational Test Manager 的协作可以记录和回放脚本，这些脚本帮助断定多客户系统在不同负载情况下是否能够按照用户定义的标准运行。

(3) 在 SQA Basic、VB、VU 多种环境下创建并编辑脚本。Rational Robot 编辑器提供有色代码命令，并在集成脚本开发阶段提供键盘帮助。

(4) 测试微软 IDE 环境下 VB、HTML、Java、Oracle Forms、PowerBuilder、Delphi、开发的应用程序以及用户界面上看不见的那些对象。

(5) 脚本回放阶段收集应用程序诊断信息。Rational Robot 与 Rational Purify Quantify PureCoverage 集成，可以通过诊断工具回放脚本，并在日志中查看结果。

(6) 同 Rational 其他组件或产品集成使用 Robot。

4) Rational Purify

自动化测试工具 Rational Purify 是 Rational PurifyPlus 工具中的一种。Purify 是一个面向 VC、VB 或者 Java 开发的测试 Visual C/C++ 和 Java 代码中与内存有关的错误，确保整个应用程序的质量和可靠性。

3. Telelogic 公司产品

最有名的 logiscope 白盒测试工具是法国 Telelogic 公司推出的专用于软件质量保证和软

件测试的产品。其主要功能是对软件做质量分析和测试以保证软件的质量，并可做认证、反向工程和维护，特别是针对要求高可靠性和高安全性的软件项目和工程。

4．Parasoft 公司产品

1) JTest白盒测试工具

JTest 是 Parasoft 公司推出的一款针对 Java 语言的自动化代码优化和测试工具，它通过自动化实现对 Java 应用程序的单元测试和编码规范校验，从而提高代码的可靠性以及 Java 软件开发团队的开发效率。

2) C++Test白盒测试工具

C++Test 是 Parasoft 针对 C/C++开发的一款自动化测试工具，专门针对 C/C++的源程序代码进行自动化单元测试的工具，可以自动测试任何 C/C++函数、类，自动生成测试用例、测试驱动函数或桩函数，在自动化的环境下完成单元测试，其单元级的测试覆盖率可以达到 100%。C++Test 能够自动测试代码构造(白盒测试)、测试代码的功能性(黑盒测试)和维护代码的完整性(回归测试)。

5．开源软件

1) TestLink

TestLink 是基于 Web 的测试用例管理系统，主要功能是测试用例的创建、管理和执行，并且还提供了一些简单的统计功能。

TestLink 用于进行测试过程中的管理，通过使用 TestLink 提供的功能，可以将测试过程从测试需求、测试设计到测试执行完整地管理起来，同时，它还提供了多种测试结果的统计和分析，使我们能够简单地开始测试工作和分析测试结果。

TestLink 是 sourceforge 的开放源代码项目之一。作为基于 Web 的测试管理系统，TestLink 的主要功能包括：

(1) 测试需求管理；

(2) 测试用例管理；

(3) 测试用例对测试需求的覆盖管理；

(4) 测试计划的制订；

(5) 测试用例的执行；

(6) 大量测试数据的度量和统计功能。

2) Mantis

缺陷管理平台 Mantis 也称为 MantisBT，全称是 Mantis Bug Tracker。

Mantis 是一个基于 PHP 技术的轻量级的开源缺陷跟踪系统，以 Web 操作的形式提供项目管理及缺陷跟踪服务。在功能上、实用性上满足中小型项目的管理及跟踪。更重要的是其开源，不需要负担任何费用。

Mantis 是一个缺陷跟踪系统，具有多特性，包括易于安装，易于操作，基于 Web，支持任何可运行 PHP 的平台(Windows、Linux、Mac、Solaris、AS400/i5 等)，已经被翻译成 68 种语言，支持多个项目，为每一个项目设置不同的用户访问级别，跟踪缺陷变更历史，定制我的视图页面，提供全文搜索功能，内置报表生成功能(包括图形报表)，通过 Email

报告缺陷，用户可以监视特殊的 Bug，附件可以保存在 Web 服务器上或数据库中(还可以备份到 FTP 服务器上)，自定义缺陷处理工作流，支持的输出格包括 CSV、Microsoft Excel、Microsoft Word，集成源代码控制(SVN 与 CVS)，集成 wiki 知识库与聊天工具(可选/可不选)，支持多种数据库(MySQL、MSSQL、PostgreSQL、Oracle、DB2)，提供 WebService(SOAP) 接口，提供 Wap 访问。

3) Bugzilla

Bugzilla 是一个开源的缺陷跟踪系统(Bug-Tracking System)，它可以管理软件开发中缺陷的提交(New)、修复(Resolve)、关闭(Close)等整个生命周期。

Bugzilla 是一个搜集缺陷的数据库，它让用户报告软件的缺陷从而把它们转给合适的开发者。开发者使用 Bugzilla 能保持一个要做事情的优先表，还有时间表和跟踪相关性。不是所有的"Bugs"都是软件缺陷。一些数据库中的内容是作为增强的请求(RFE)。一个 RFE 是一个严重级别字段被设为"enhancement"的"Bug"。人们常说的"Bug"，实际上意思是 Bugzilla 中的记录，所以 RFEs 经常被称作 Bug。

习题与思考 ✍

1. 简述自动化测试的定义。
2. 简述手工测试的优点及不足。
3. 简述自动化测试的优势及局限性。
4. 简述手工测试与自动化测试的区别。
5. 简述自动化测试的步骤。
6. 简述自动化测试工具的种类。
7. 常用的功能测试工具有哪些？
8. 常用的开源测试工具有哪些？
9. 简述软件自动化测试的原理和方法。
10. 影响测试进度的原因有哪些？

第 9 章　功能测试工具 QTP

学习目标

(1) 了解 QTP 的安装;

(2) 掌握对象识别机制;

(3) 掌握对象库的操作;

(4) 掌握检查点、参数化的使用;

(5) 了解脚本编写。

9.1　QTP 简介

QTP(Quick Test Professional 的简称)是一种自动测试工具。使用 QTP 的目的是想用它来执行重复的手动测试,主要是用于回归测试和测试同一软件的新版本。因此在测试前要考虑好如何对应用程序进行测试,例如要测试哪些功能、哪些操作步骤、哪些输入数据和期望的输出数据等。

HP QTP 提供符合所有主要应用软件环境的功能测试和回归测试的自动化,采用关键字驱动的理念以简化测试用例的创建和维护。它让用户可以直接录制屏幕上的操作流程,自动生成功能测试或者回归测试用例。

QTP 支持在广泛的操作系统平台和测试环境下安装,并且仅需很少的设置即可开始使用。本章简要介绍 QTP 9.2 的安装设置过程,并介绍 QTP 的基本功能。

QTP 软件的特点如下:

(1) QTP 是一个侧重于功能的回归自动化测试工具,提供了很多插件,如 .NET 的、Java 的、SAP 的、Terminal Emulator 的等,分别用于各自类型的产品测试,默认提供 Web、ActiveX 和 VB 的。

(2) QTP 支持的脚本语言是 VBScript,这对于测试人员来说,感觉要"舒服"得多(如相比 SilkTest 采用 C 语言)。VBScript 毕竟是一种松散的、非严格的、普及面很广的语言。

(3) QTP 支持录制和回放的功能。录制产生的脚本,可以用来作为自己编写脚本的模板。录制时,还支持一种低级录制功能,这个对于 QTP 不容易识别出来的对象有用,不过它是使用坐标来标识的，对于坐标位置频繁变动的对象，采用这种方式不可行。另外，QTP 的编辑器支持两种视图：Keyword 模式和 Expert 模式。Keyword 模式提供一个近似于原始测试用例的、与代码无关的视图，而 Expert 就是代码视图，一般在这个区域中编写脚本。

(4) Object Spy 可以用来查看 Run-time Object 和 Test Object 属性与方法。

(5) QTP 通过三类属性来识别对象，即 Mandatory、Assistive 和 Ordinal Identifiers。大部分情况下，通过对象的一些特定属性值就可以识别对象(Mandatory 属性)。这些属性可以通过"Tools"→"Object Identification"定义。

(6) Object Repository(OR)是 QTP 存储对象的地方。测试脚本运行后，QTP 根据测试脚本代码，从这个对象库中查找相应对象。每个 Action 可以对应一个或者多个 OR，也可以设置某个 OR 为 Sharable 的，这样可以供其他 Action 使用。注意，使用 QTP 录制功能时，默认将被测对象放在 Local OR 中，可以通过"Resources"→"Object Respository"选择 Local 查看。

(7) Action 是 QTP 组织测试用例的具体形式，拥有自己的 DataTable 和 Object Repository，支持 Input 和 Output 参数。Action 可以设置为 Share 类型的，这样可以被其他 test 中的 Action 调用(注意：QTP 是不支持在一个 test 中调用另外一个 test 的，只有通过 Sharable Action 来调用)。

(8) 一个 test 中，多个 Action 的流程组织只有通过 Keyword 视图查看和删除，在 Expert 视图中没有办法看到。

(9) 调用 Action 可以通过菜单"Insert"→"Call to ＊＊＊"来实现。QTP 提供三种类型的调用方式：① Call to New Action，在当前 test 中创建一个新的 Action；② Call to Copy of Action；③ Call to Existing Action，调用一个 Reusable Action，如果这个 Reusable Action 来自另外一个 test，将以只读的方式插入到当前 test 中。

(10) QTP 提供 Excel 形式的数据表格 DataTable，可以用来存放测试数据或参数。DataTable 有两种类型：Global 和 Local。QTP 为 DataTable 提供了许多方法供存取数据，在对测试代码进行参数化时，这些方法非常有用。

(11) 在一个 test 中，环境变量(Environment Variables)可以被当前 test 中所有 Action 共享。环境变量也有两种类型：Build In 和 User Defined。用户自定义的环境变量可以指向一个 XML 文件，这样可以实现在众多 test 之间共享变量。

(12) QTP 可以引用外部的 VBS 代码库，通过"Settings"→"Resource"加入，也可以用 Execute File 命令在代码中直接执行。这种 VBS 库可以为所有 Action 和 test 共享。

(13) QTP 默认为每个 test 提供一个测试结果，包括 Passed、Failed、Done、Warning 和 Information 几种状态类型，可以对结果进行 Filter 筛选。

9.2　QTP 的安装

在获取 QTP 的安装程序后，就可以进行 QTP 的安装了。对于初学者和希望了解 QTP

产品特性的测试人员，可以从 HP 网站上下载试用版。

9.2.1 安装要求

安装 QTP 9.2 需要首先满足一定的硬件要求：

- CPU：奔腾 3 以上处理器，推荐使用奔腾 4 以上的处理器。
- 内存：最少 512 MB，推荐使用 1 GB 的内存。
- 显卡：4 MB 以上内存的显卡，推荐使用 8 MB 以上的显卡。

9.2.2 QTP 支持的环境和程序

QTP 9.2 支持以下测试环境：

- 操作系统：支持 Windows 2000、Windows XP、Windows Server 2003、Windows Vista、Windows Server 2008。
- 支持在虚拟机 VMWare 5.5、Citrix MetaFrame Presentation Server 4.0 中运行。
- 浏览器：支持 IE 6.0 SP1，IE 7.0、IE8.0 Beta2，Mozilla FireFox 1.5、2.0、3.0，Netscape 8.x。

QTP 9.2 默认支持对以下类型的应用程序进行自动化测试：

- 标准 Windows 应用程序，包括基于 Win32 API 和 MFC 的应用程序。
- Web 页面。
- ActiveX 控件。
- Visual Basic 应用程序。

QTP 9.2 在加载额外插件的情况下，支持对以下类型的应用程序进行自动化测试：

- Java 应用程序。
- Oracle 应用程序。
- SAP 应用程序。
- .NET 应用程序，包括.NET Windows Form、.NET Web Form、WPF。
- Siebel 应用程序。
- PeopleSoft 应用程序。
- Web 服务(Web Services)。
- 终端仿真程序(Terminal Emulators)。

9.2.3 安装步骤

下面以在 Windows XP 环境下安装为例介绍如何安装 QTP 9.2。

(1) 在获取到 QTP 9.2 的安装包后，就可以运行安装包进行安装。双击安装包后开始安装，如图 9.1 所示。

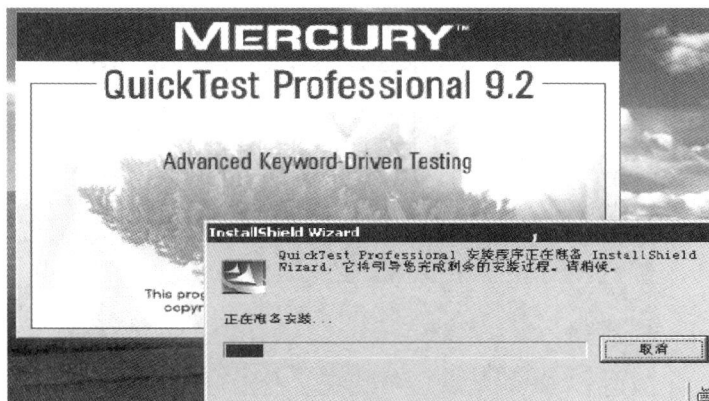

图 9.1 开始安装界面

(2) 在"开始安装界面"完成后，进入"许可协议"界面，如图 9.2 所示。

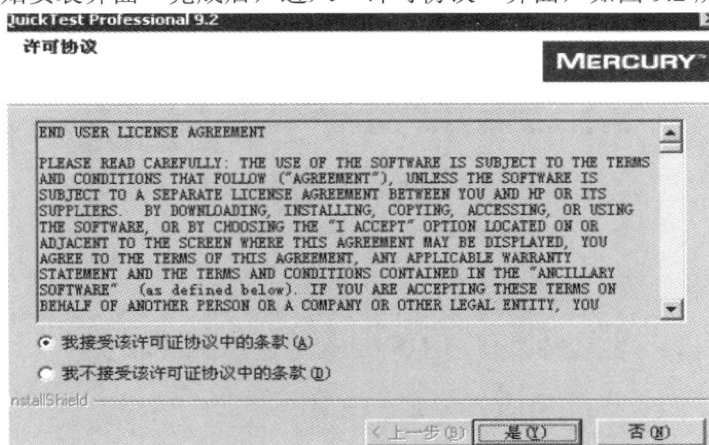

图 9.2 选择许可协议

(3) 在选择许可协议界面选择同意安装许可协议，点击"是"按钮进入选择许可证类型界面，如图 9.3 所示。

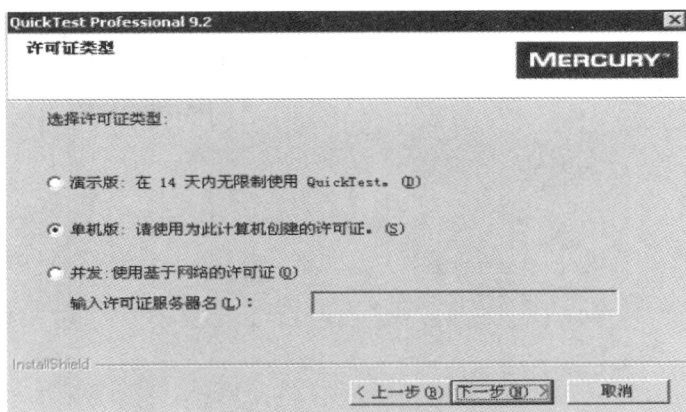

图 9.3 选择许可证类型

(4) 在图 9.3 中选择"单机版",点击"下一步"按钮,进入注册信息界面,如图 9.4 所示。

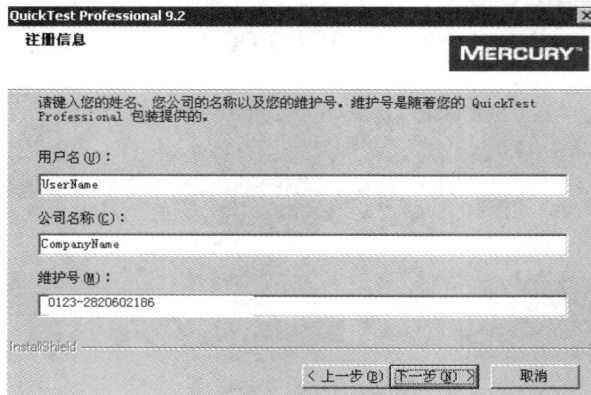

图 9.4　输入注册信息

(5) 在注册信息界面输入信息后,点击"下一步"按钮,进入"启用 QuickTest Professional 远程执行"界面,如图 9.5 所示。

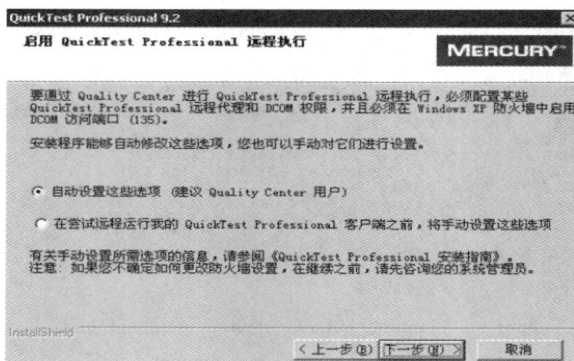

图 9.5　启动 QuickTest Professional 远程执行

(6) 在"启动 QuickTest Professional 远程执行"界面选择"自动设置这些选项(建议 Quality Center 用户)",点击"下一步"按钮,进入"设置 Internet Explorer 高级选级"界面,如图 9.6 所示。

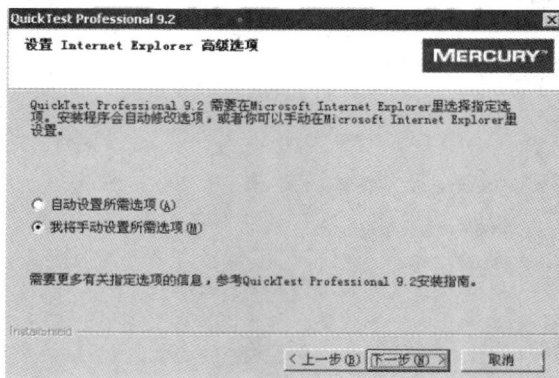

图 9.6　高级选项

(7) 在"设置 Internet Explorer 高级选项"界面，选择"我将手动设置所需选项"，点击"下一步"按钮，进入"安装类型"界面，如图 9.7 所示。

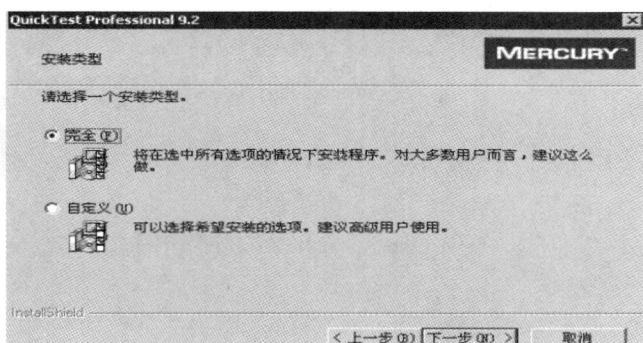

图 9.7　选择安装类型

(8) 在"安装类型"界面，选择"完全"，点击"下一步"按钮，进入"选择目标位置"界面，如图 9.8 所示。

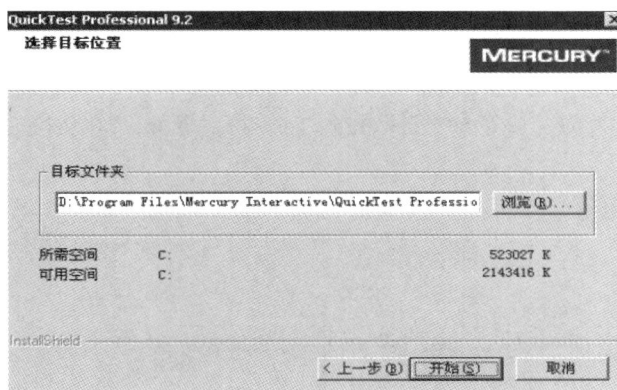

图 9.8　选择目标位置

(9) 在"选择目标位置"界面，选择 QTP 的安装目标位置，点击"开始"按钮，进入安装状态，直到安装状态完成后，进入"客户注册"界面，如图 9.9 所示。

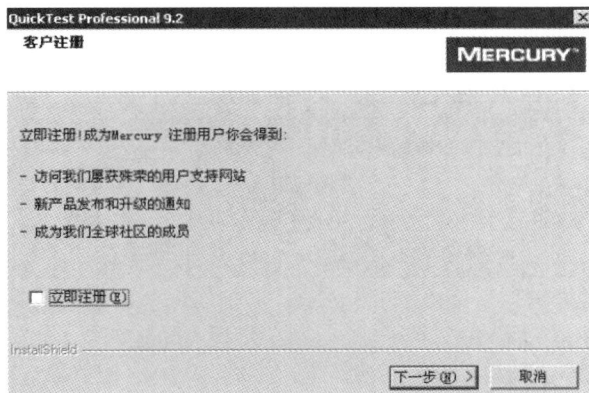

图 9.9　注册界面

(10) 在"注册界面"点击"下一步"按钮，进入安装完成界面，如图 9.10 所示。

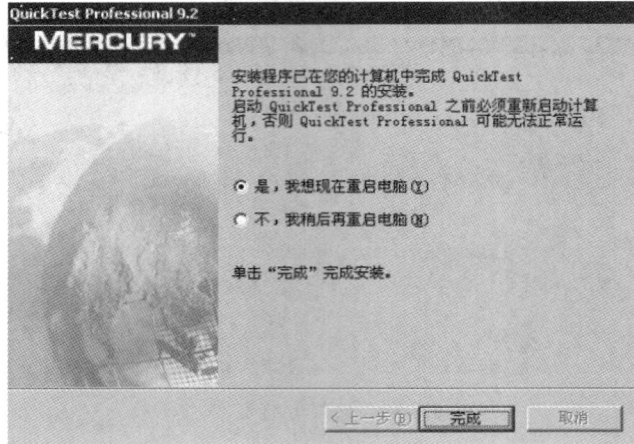

图 9.10　安装完成界面

9.2.4　QTP 程序界面

在学习创建测试之前，先了解一下 QuickTest 的主界面。图 9.11 是录制了一个操作后 QuickTest 的界面。

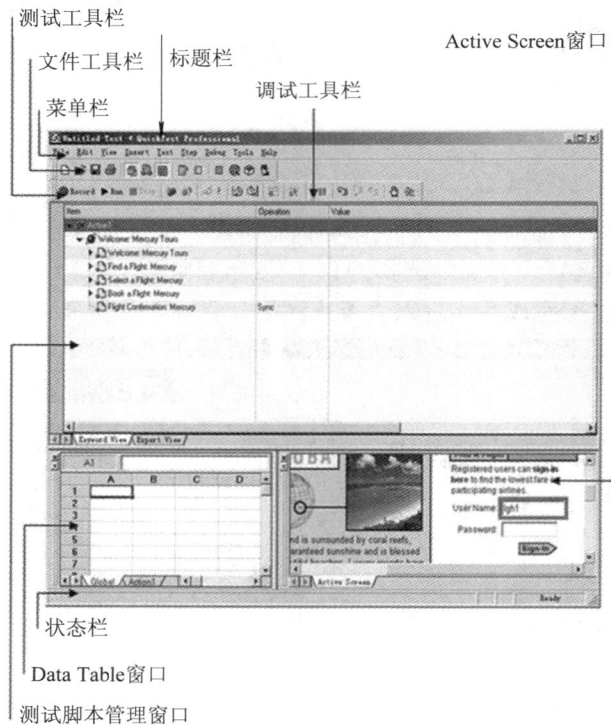

图 9.11　QTP 9.2 界面

在 QTP 界面包含标题栏、菜单栏、文件工具栏等几个界面元素，下面简单解释各界面元素的功能。

(1) 标题栏：显示了当前打开的测试脚本的名称。

(2) 菜单栏：包含了 QuickTest 的所有菜单命令项。

(3) 文件工具栏：包含了以下几个按钮，如图 9.12 所示。

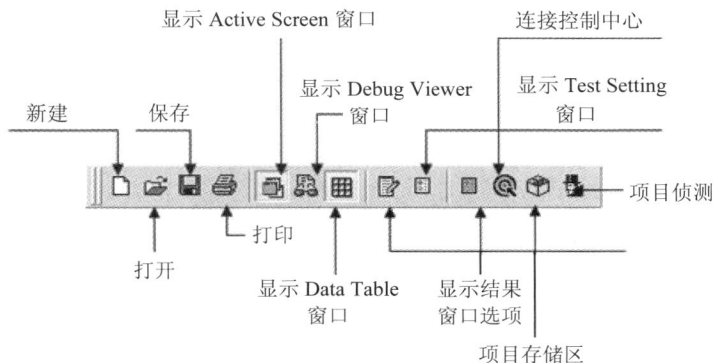

图 9.12　文件工具栏

(4) 测试工具栏：包含了在创建、管理测试脚本时要使用的按钮，如图 9.13 所示。

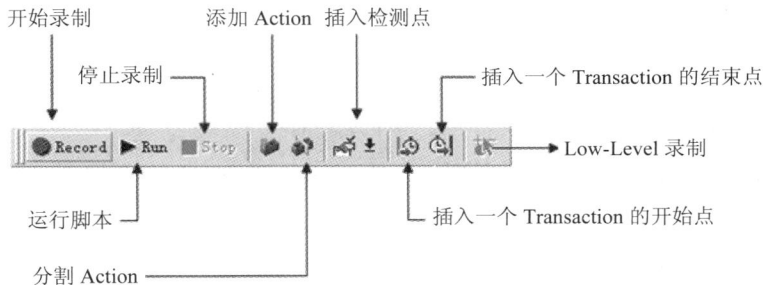

图 9.13　测试工具栏

(5) 调试工具栏：包含了在调试测试脚本时要使用的工具条，如图 9.14 所示。

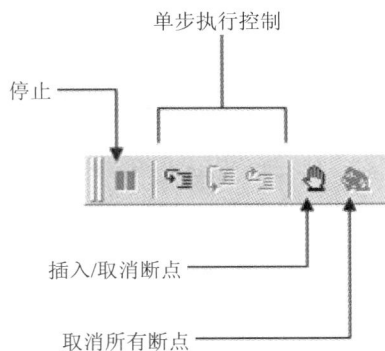

图 9.14　调试工具栏

(6) 测试脚本管理窗口：提供了两个可切换的窗口，分别通过图形化方式和 VBScript 脚本方式来管理测试脚本。

(7) Data Table 窗口：协助对测试进行参数化。

(8) 状态栏：显示测试过程中的状态。

9.2.5 测试样例

QTP 安装后自带两个测试应用程序，一个是 Web 程序——Web Tours，一个是 WinForm 程序——Flight，都为订票系统。

1. Mercury Tours 示范网站

Mercury Tours 示范网站是一个提供机票预订服务的网站，在此我们使用 MI 公司提供的 Mercury Tours 示范网站作为演示 QuickTest 各个功能的例子程序。

(1) 在开始使用 Mercury Tours 示范网站(http://newtours.demoaut.com/)之前，首先要在 Mercury Tours 网站上注册一个使用者账号。

(2) Mercury Tours 示范网站的使用。要登录并使用 Mercury Tours 示范网站必须使用注册账号，如图 9.15 所示。

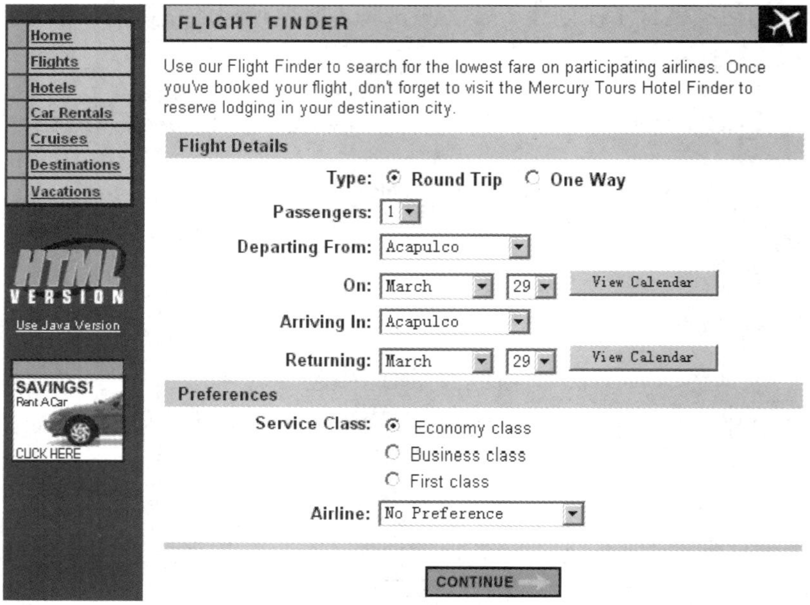

图 9.15 Mercury Tours Web Site 的界面

在使用网站时，从"FLIGHT FINDER"网页开始，按照界面上的指示预订机票。在"Book a Flight"网页，无需填写真实的旅客信息，只要在信用卡卡号等标示为红色的字段中添加虚拟数据就可以了。

(3) 结束订票动作。完成订票动作后，在"Flight Confirmation"网页上点选"LOG OUT"按钮或选择"SIGN-OFF"按钮。

(4) 关闭浏览器。

2. Flight 订票

Flight 是一个提供机票预订服务的网站 WinForm 程序。

Flight 订票程序登录功能的用户名长度至少 4 个字符,密码为 mercury 或者 MERCURY。输入正确的用户名、密码后进入订票界面,如图 9.16 所示。

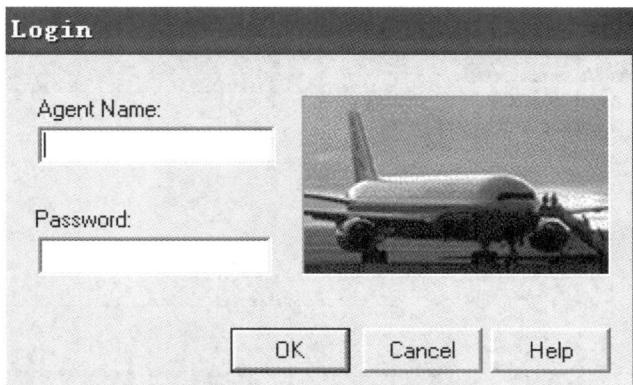

图 9.16　登录界面

掌握了 Mercury Tours 示范网站和 Flight 订票程序的使用后,就可以开始使用 QuickTest 录制测试脚本了。

9.3　QTP 基本使用方法

QTP 的基本功能包括两大部分:一部分是提供给初级用户使用的关键字视图;另一部分是提供给熟悉 VBScript 脚本编写的自动化测试工程师使用的专家视图。Mercury 公司开发两种视图的本意是想让不同类型的人使用不同类型的视图,但是并没有严格区分这两种视图,在实际的自动化测试项目中完全可以将两者结合起来使用。

使用 QTP 进行自动化测试的基本过程与使用其他自动化测试工具进行自动化功能测试的过程基本是一致的,一般包括以下 5 个步骤:

(1) 录制测试脚本:利用 QTP 先进的对象识别、鼠标和键盘监控机制来录制测试脚本,测试人员只需要模拟用户的操作,像执行手工测试的测试步骤一样操作被测试应用程序的界面即可。

(2) 编辑测试脚本:主要包括调整测试步骤、编辑测试逻辑、插入检查点(CheckPoint)、添加测试输出信息、添加注释等。

(3) 调试测试脚本:利用"Check Syntax"功能检查测试脚本的语法错误,利用 QTP 脚本编辑界面的调试功能检查测试脚本逻辑的正确性。

(4) 运行测试脚本:可运行单个"Action",也可批量运行测试脚本。

(5) 分析测试结果:使用 QTP 的测试结果查看工具查看测试结果,检查测试运行过程的正确性。

9.3.1 录制测试脚本

1. 插件加载设置管理

启动 QTP，将显示图 9.17 所示的插件管理界面。

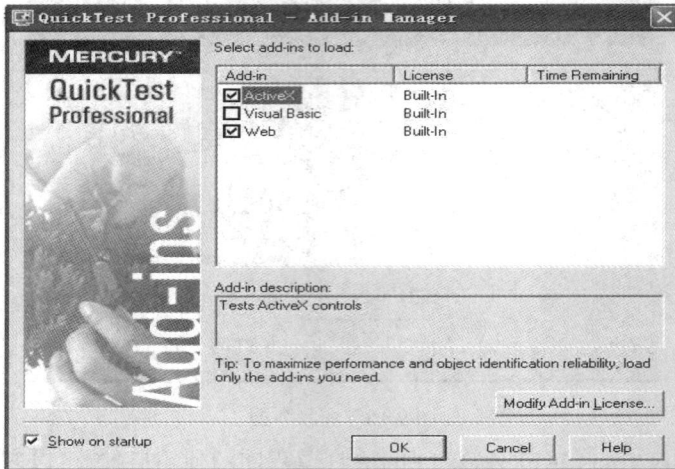

图 9.17 插件管理界面

根据所测试应用程序控件类型选择需要加载的插件。例如，QTP 自带的样例应用程序"Flight"是标准的 Windows 程序，里面的部分控件是 ActiveX 控件，因此，在测试时选择加载 ActiveX 控件。

注意：QTP 默认支持 ActiveX、Visual Basic 和 Web 插件，License 类型为"Built-In"。

2. 录制和测试运行设置

选择了要加载的插件后，点击"OK"按钮，进入 QTP 的选择界面，如图 9.18 所示。

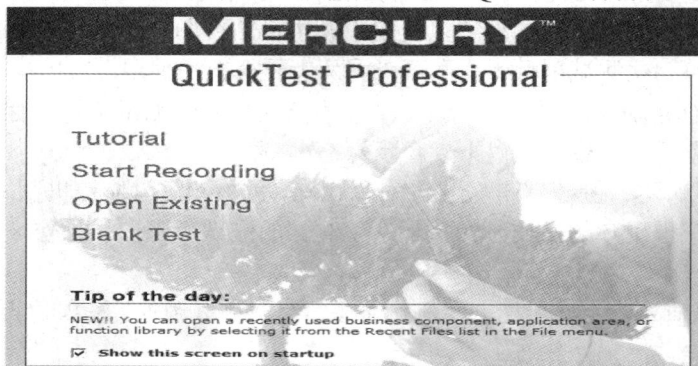

图 9.18 进入选择界面

其中，"Tutorial"链接将打开 QTP 的帮助文档。

"Start Recording"链接进入测试录制功能。

"Open Existing"链接打开现有的测试项目文件。

"Blank Test"链接则创建一个空的测试项目。

在选择界面选择一项后进入主界面，主界面如图 9.19 所示。

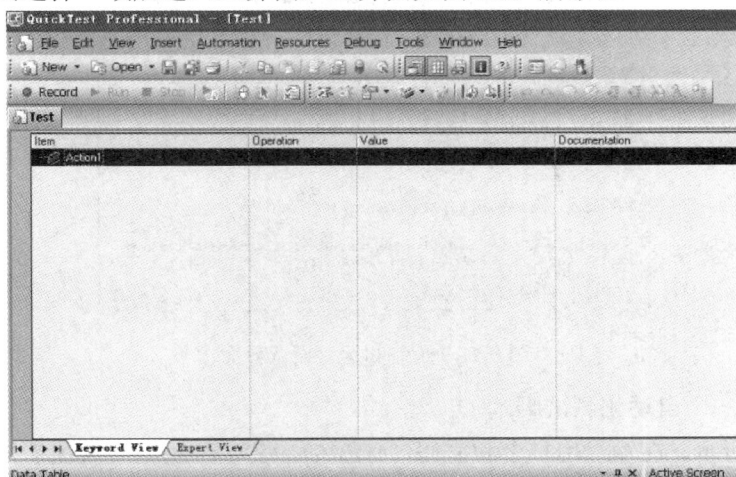

图 9.19　主界面

在主界面中选择菜单项"Automation"→"Record and Run Settings"，出现录制和运行设置界面，指定需要录制的应用程序，录制运行设置界面如图 9.20 所示。在选择 Windows Applications 的录制和运行界面中，可以选择两种录制方式：一种是"Record and run test on any open Windows-based application"，这种方式可以录制任何在系统中出现的程序；另外一种是"Record and run only on"，这种方式可录制有针对性的应用程序，避免录制一些无关紧要的多余的界面。第二种方式有 3 种设置方法：

(1) 选择"Applications opened by Quick Test"选项，则仅录制和运行由 QTP 调用的程序。

(2) 选择"Applications opened via the Desktop(by the Windows shell)"选项，则仅录制开始菜单，通过桌面快捷方式启动的程序。

(3) 选择"Applications specified below"选项，则可录制和运行添加到列表中的应用程序。

点击图 9.20 中的"+"，可录制"Flight"样例程序，这里选择样例程序路径"F:\app\samples\flight\app\flight4a.exe"，如图 9.21 所示。

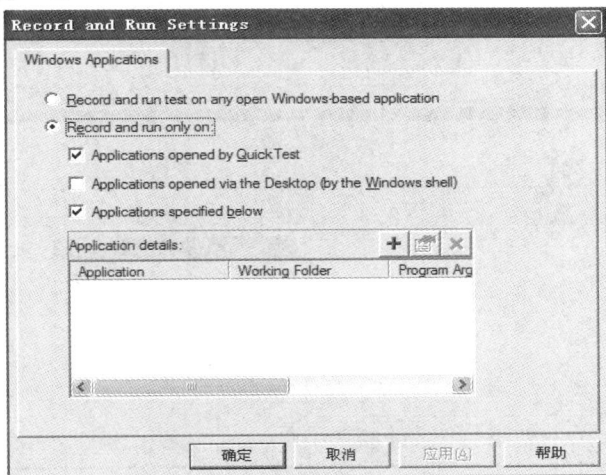

图 9.20　录制和运行设置界面

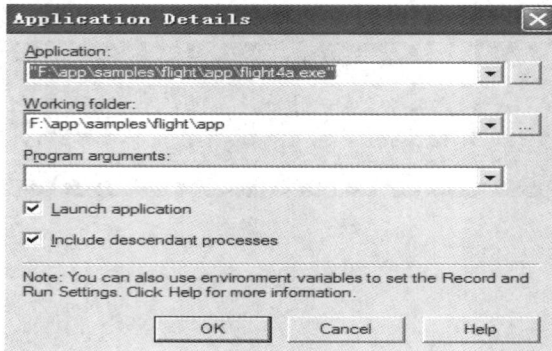

图 9.21 录制和运行设置界面

3. 录制第一个自动化测试脚本

如图 9.22 所示，在输入用户名和密码"MERCURY"后，点击"OK"按钮，进入录制"Flight"程序的登录过程。

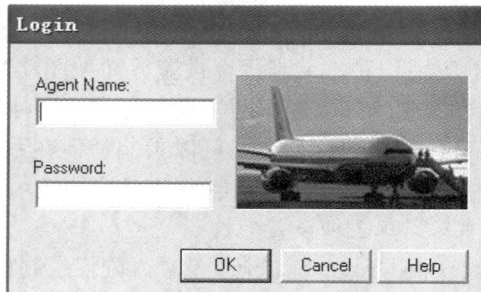

图 9.22 "Flight"程序登录界面

点击"Stop"按钮或按 F4 键停止录制，将得到如图 9.23 所示的关键字视图。

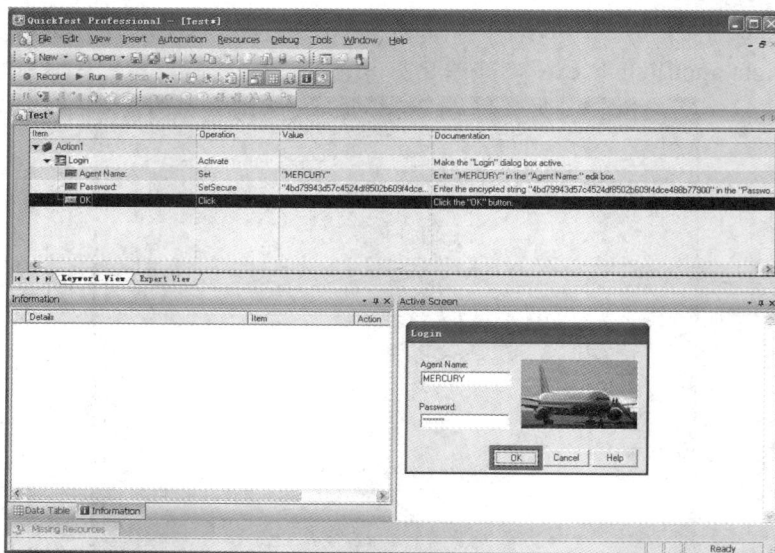

图 9.23 关键字视图

关键字视图中共分为以下 4 列：

(1) Item：记录了所有对象。

(2) Operation：该对象的操作。

(3) Value：对象操作所用到的值。

(4) Documentation：QTP 自动生成的简述语句，简述了是什么对象、做了什么、怎么做。

切换到专家视图界面，则可以看到如图 9.24 所示的测试脚本。

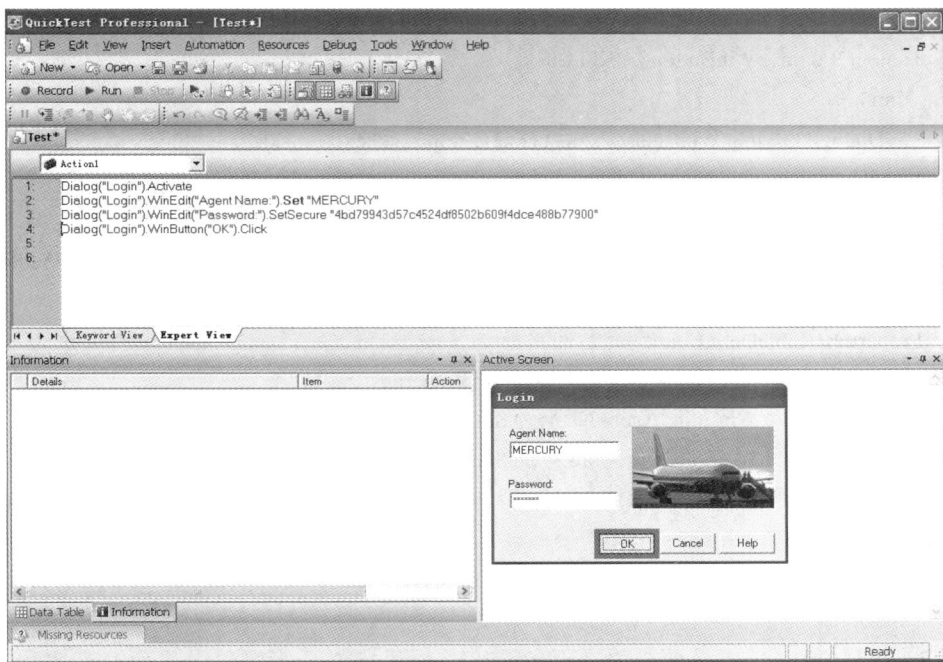

图 9.24　专家视图

在关键字视图中，可看到录制的测试的操作步骤，每个测试步骤及界面操作都在"Active Screen"界面显示出来。

这样就完成了一个最基本的测试用例的编写，对于录制的测试脚本，需要进一步的修改整理，这些工作可在关键字视图中进行，也可在专家视图中进行。

9.3.2　编辑测试脚本

在掌握了 QTP 关键字视图和专家视图的基本使用方法后，就可以综合使用这两个测试视图，结合对象库、函数库来辅助编辑测试脚本。

1. 识别对象

QTP 里的对象有两个概念，一个是 Test Object(简称 TO)，一个是 Runtime Object(简称 RO)。TO 就是仓库文件里定义的仓库对象，RO 是被测试软件的实际对象。

TO、RO 常用的几个函数如下：

(1) GetTOProperty("Property")：取得仓库对象的某个属性的值。

(2) GetTOProperties()：取得仓库对象的所有属性的值。

(3) SetTOProperty("Property"，"Value"：设置仓库对象的某个属性的值。

(4) GetROProperty("Property")：取得实际对象的某个属性的值。

其中 Property 是对象的属性，是必填项。

例如，获取飞机订票 Flight 程序登录按钮中的 text 属性，将以消息框的形式弹出：

```
Dialog("Login").WinEdit("Agent Name:").Set "aaaa"
Dialog("Login").WinEdit("Password:").SetSecure "54052cce3f6c8e0494362e54af611a2efa99c22c"
Dialog("Login").WinButton("OK").Click
  dim a
  a=Dialog("Login").WinButton("OK").GetTOProperty("text")
  msgbox a
```

例如，获取飞机订票 Flight 程序登录按钮中的 password 属性的个数：

```
Dialog("Login").WinEdit("Password:").SetSecure "541aa2987fcd7d65c8e065aa920b12075ef8e9fc"
Set TableDesc = Dialog("Login").WinEdit("Password:").GetTOProperties
Properties=TableDesc.Count
reporter.ReportEvent micdone，"属性数目"，Properties
Dialog("Login").WinEdit("Agent Name:").Set "aaaa"
Dialog("Login").WinEdit("Password:").SetSecure "54052cce3f6c8e0494362e54af611a2efa99c22c"
Dialog("Login").WinButton("OK").Click
  dim a
  a=Dialog("Login").WinButton("OK").GetTOProperty("text")
  msgbox a
```

QTP 识别对象，一般是要求先在对象仓库文件里定义仓库对象，里面存有实际对象的特征属性的值。然后在运行的时候，QTP 会根据脚本里的对象名字，在对象仓库里找到对应的仓库对象，接着根据仓库对象的特征属性，在被测试软件里搜索找到相匹配的实际对象，最后就可以对实际对象进行操作了。

编辑测试脚本第一步是识别对象，因为基于 GUI 的自动化测试主要是围绕着界面的控件元素来进行的。QTP 针对不同语言开发的控件，采取不同的对象识别技术，根据加载的插件来选择相应的控件对象识别的依据。在 QTP 中，选择菜单项"Tools"→"Object Identification"，出现如图 9.25 所示的界面。

在图 9.25 所示的界面中可看到各种标准 Windows 控件对应的对象识别方法，例如，对于 Dialog 控件，使用的是"is child window""is owned window""nativeclass"和"text"这四个控件对象的属性来区别出一个唯一的 Dilalog 控件对象。

可以单击"Add/Remove"按钮，在"Add/Remove Properties"界面中，选择更多的控件属性来唯一识别控件。

Smart Identification(智能识别机制)主要工作于测试脚本运行时，当对象库中对象的强制属性(或辅助属性)与被测应用程序中对应对象的属性不一致时，智能识别机制将会启动。其主要原理为：先选择某个基本属性进行比较，若对象多于一个，再继续添加属性筛选；若添加的对象属性造成无对象匹配，则淘汰该属性，应用该方法直至找到唯一对象并对该对象执行操作。(若所有属性的添加或淘汰都无法识别唯一对象，QTP 将应用 Ordinal Identifier 去识别对象。)

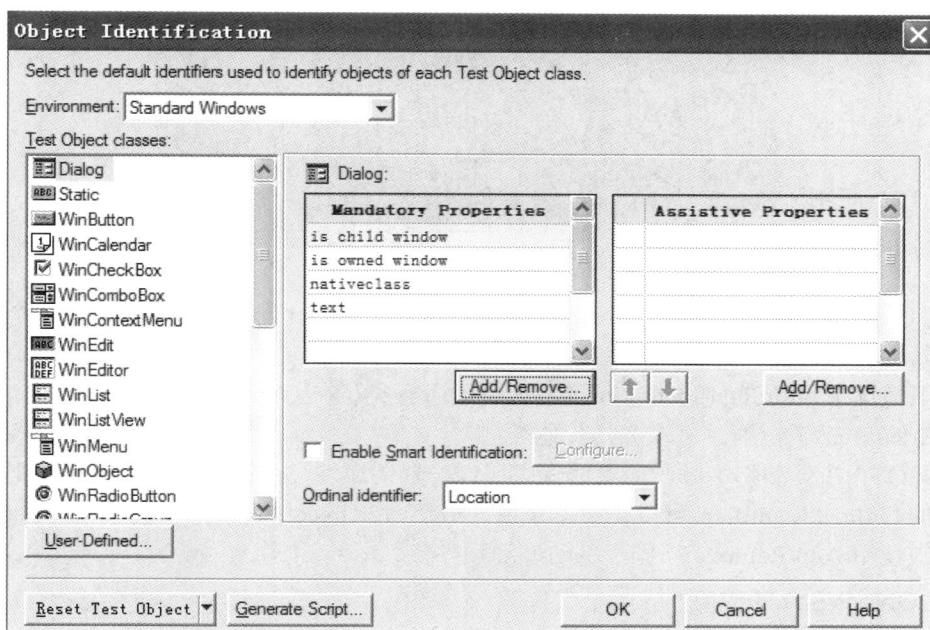

图 9.25 对象识别定义界面

有三种类型的属性可以被 QTP 用来识别对象：

(1) 强制属性(Mandatory Properties)。强制属性总是被捕捉并保存，即使没有其中的一些属性，对象也能识别且从不例外。

(2) 辅助属性(Assistive Properties)。假如强制属性不足以唯一识别某对象，那么可以依次添加辅助属性，直到对象可以唯一识别。

(3) 顺序标识符(Ordinal Identifier)。一旦在使用了强制属性和辅助属性后，对象仍然不能唯一识别，那么可以使用顺序标识符识别。QTP 除了可以获取到被测对象的强制属性、辅助属性值外，还可以获取到被测对象的 Ordinal Identifier 值。当 QTP 发现有多个对象具有相同的强制属性值、辅助属性值而无法对它们进行唯一识别时，Ordinal Identifier 会获取每个对象的顺序标识符，以将它们区别开来。由于序列值是一个相对值，任何页面的变更都有可能导致这些值发生改变，因此，只在强制属性与辅助属性无法唯一识别对象的情况下，QTP 才会获取该顺序标识符。在运行测试脚本时，如果使用对象的属性值以及智能识别机制都无法唯一识别应用程序中的对象，才会使用到顺序标识符。如果 QTP 可以通过其他属性值对对象进行识别，则会忽略顺序标识符。

QTP 可以使用以下类型的 Ordinal Identifiers 来识别对象：

(1) Index：表示对象在程序代码中的出现顺序，这个顺序是相对于其他具有相同属性的对象而言的。

(2) Location：表示对象在窗口、Frame 或对话框中出现的顺序，这个顺序是相对于其他具有相同属性的对象而言的，如图 9.26 所示。

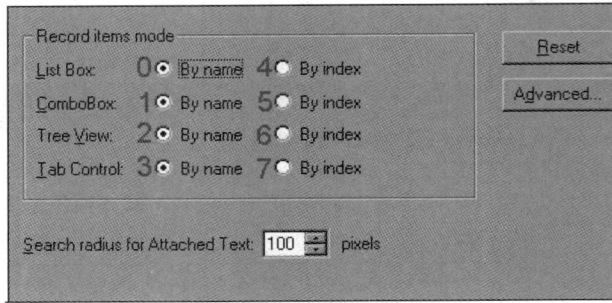

图 9.26　界面元素的"Location"

（3）CreationTime(仅适用于 Browser 对象)：表示 Browser 对象打开的顺序，这个顺序是相对于其他已打开的具有相同属性的对象而言的。

一般情况下，Ordinal Identifier 类型适用于所有类。在 Object Identification 窗口，通过 Ordinal Identifier 下拉框，可以选择其他类型。

注：QTP 在录制脚本时，如果通过主属性与辅助属性已能够唯一识别对象，则不会获取对象的 Ordinal Identifier。可以在脚本录制完成后，在 Object Properties 或 Object Repository 对话框中使用 Add/Remove 操作，手动添加顺序值。

2. Object Spy 的使用

QTP 提供的"Object Spy"工具可用于观察运行时测试对象的属性和方法。选择菜单项"Tools"→"Object Spy"，则出现如图 9.27 所示的界面。

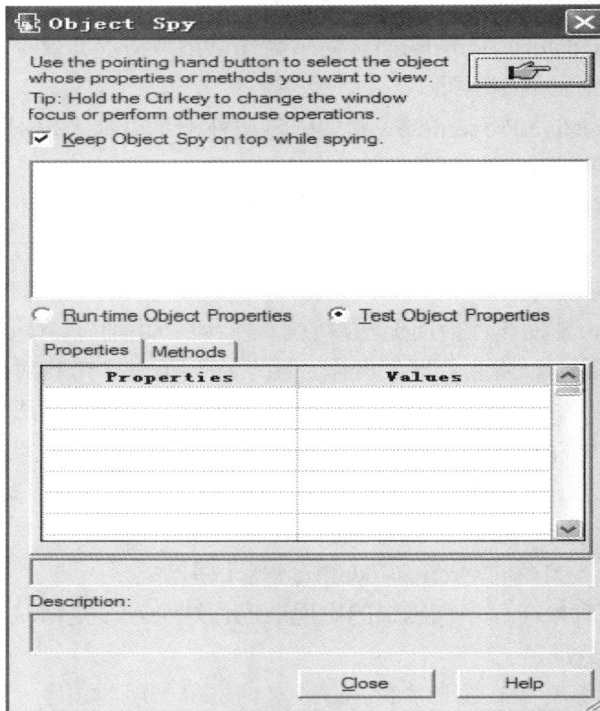

图 9.27　"Object Spy"界面

在图 9.27 所示的界面中，单击右上角的手形按钮，移动到测试对象上，单击鼠标左键选择测试对象，会自动获取到该测试对象的所有属性和方法。

技巧：Object Spy 对于观察测试对象的属性、了解测试程序的控件属性和行为都非常有用，尤其是对于那些界面控件元素比较多、层次关系比较复杂的应用程序。

可在测试程序的界面上不断改变测试对象，然后多次使用 Object Spy 来观察其属性的变化，通过这种方式来了解控件的行为，以及判断哪些控件属性可放到测试脚本中，用于判断测试结果。

3．对象库管理

另外一种观察和了解测试程序的界面控件元素，以及它们的层次关系的方法是通过对象库(Object Repository)来实现。在 QTP 中，选择菜单项"Resources"→"Object Repository"，出现"Object Repository-All Object Repositories"界面，如图 9.28 所示。

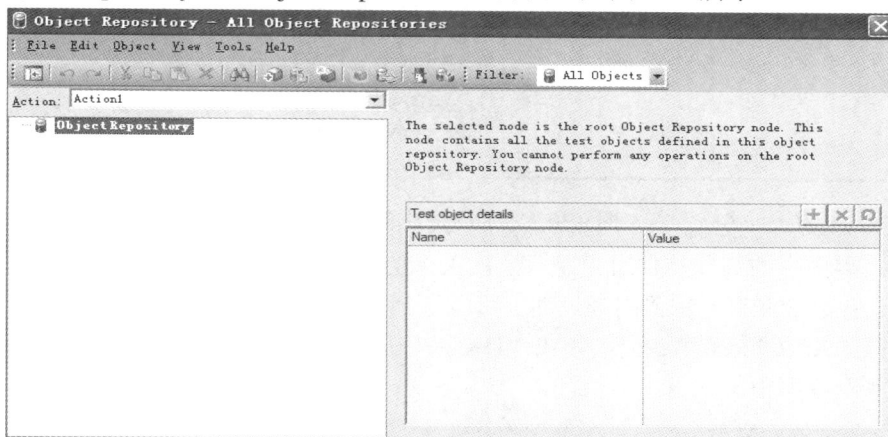

图 9.28　对象库

注意：QTP 在录制测试脚本的过程中会把界面操作涉及的控件对象都自动添加到对象库中，但是那些未被鼠标点击或键盘操作的界面控件则不会添加到对象库中。

在对象库管理界面中，选择菜单项"Object"→"Add Object to Local"，然后选择测试程序界面中的某个控件，则出现"Object Selection – Add to Repository"界面。例如，单击Flight 程序"Login"界面中的"Cancle"按钮，出现如图 9.29 所示的界面。

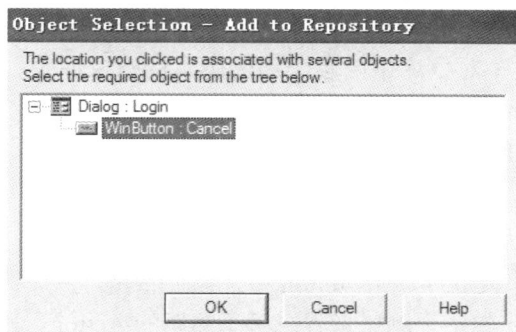

图 9.29　对象选择

单击"OK"按钮，把测试对象添加到对象库中，如图 9.30 所示。

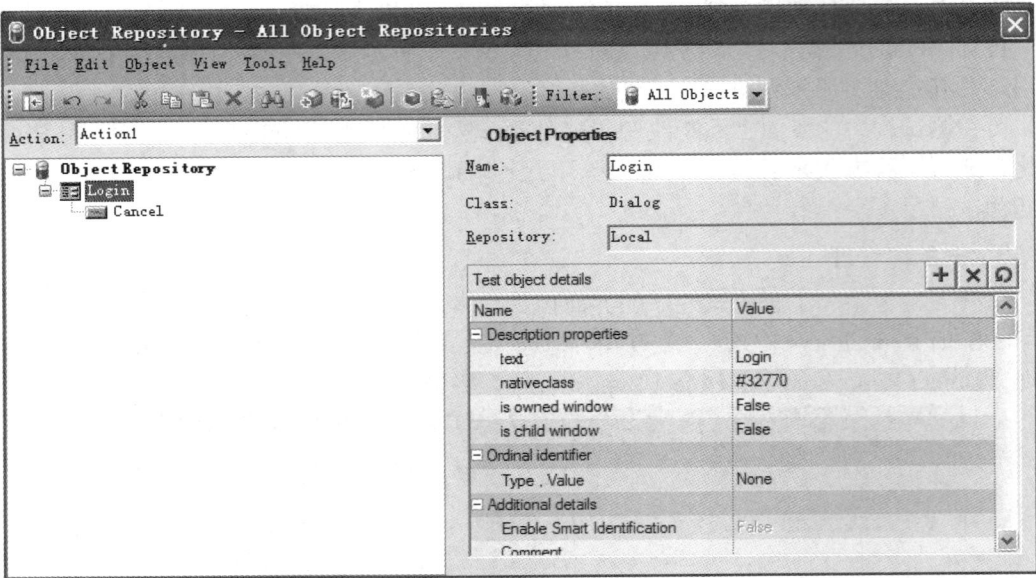

图 9.30　添加测试对象到对象库

技巧：界面中的某些控件对象是有层次关系的。例如，按钮、输入框等控件包含在窗口控件中，在添加测试对象到对象库时，可以选择窗口对象，然后在"Define Object Filter"界面中选择"All Object Types"，单击"OK"按钮，则会把选择的窗口对象中的所有控件对象添加到对象库中。

4．导出对象库文件

测试对象作为资源，可导出到文件中，以方便其他测试脚本的使用，方法是在对象库管理界面中，选择菜单项"File"→"Export Local Object"，存储到某个文件夹中即可。

5．设置共享对象库

很多时候管理 QTP 的脚本比较麻烦，因为除了要对代码进行管理之外，还要保证 QTP 对象库的完整。每一个用例脚本的生成，同时又都会生成一个对象库。此时可以做一个公共的对象库来给各个用例脚本调用，实现共享对象库的应用。

（1）把需要加到共享对象库中的各个用例脚本的对象库分别导出为 .tsr 文件。

（2）把需要加入到共享对象库中的各个用例脚本的对象库合并对象及对象属性，形成一个大的共享对象库。

（3）调用上面保存好的共享对象库。

6．添加新的 Action

在 QTP 中，"Action"相当于测试脚本的文件，可使用 Action 来划分和组织测试流程，例如，把一些公用的操作放到同一个 Action 中，以便重用。

如果想在当前 Action 的某个测试步骤之后添加新的 Action，则可选择菜单项"Insert"→"Call to New Action"，出现"Insert Call to New Action"界面，如图 9.31 所示。

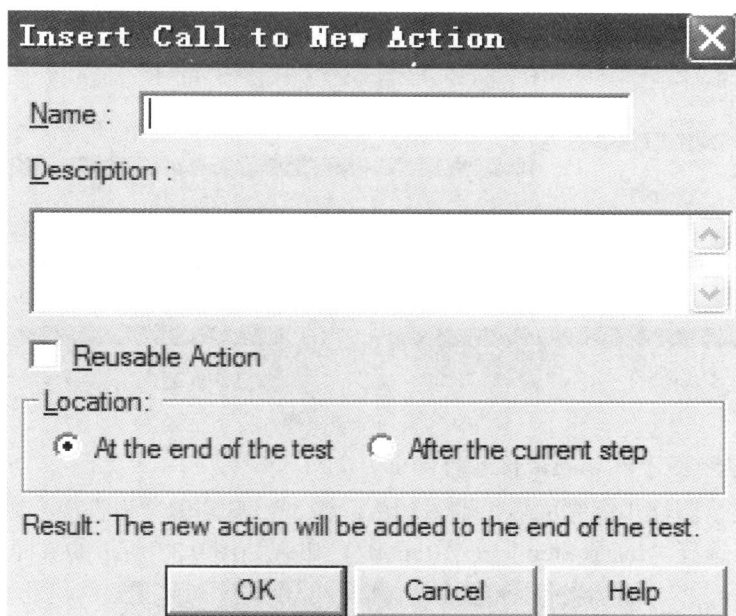

图 9.31　插入新的 Action

在图 9.31 所示的界面中，在"Name"栏中输入 Action 的名称(如"Action_Help")，在"Description"栏中输入对该 Action 的简述(如"处理 Help 窗口")，在"Location"框中选择"After the current step"，然后，单击"OK"按钮，返回关键字视图，则可看到新的名为"Action_Help"的 Action 已经被成功添加。

双击新添加的 Action，可在该 Action 中添加新的测试代码。由于 QTP 为每一个 Action 生成相应的测试文件和目录，而对象库作为资源，也是与 Action 绑定的，因此，新添加的 Action 不能直接使用前一个 Action 中的测试对象。解决方法有两种，一种是通过录制新的测试脚本来产生新的测试对象库；另外一种是通过关联前一个 Action 所导出的对象库文件来使用其测试对象。

7．编辑新的 Action

为新的 Action 建立了对象库后，就可以在测试脚本中访问和使用这些测试对象。例如，可在专家视图的脚本编辑器中输入以下代码：

```
Dialog("Login").WinButton("Help").Click '打开帮助界面

Dialog("Login").Dialog("Flight Reservations").Activate

Dialog("Login").Dialog("Flight Reservations").WinButton

("确定").Click'单击确定按钮关闭帮助界面
```

8．在关键字视图中编辑测试脚本

1) 在关键字视图中为测试步骤添加注释

在关键字视图的列头单击鼠标右键，选择 Comment，则会多出一列，名为 Comment，在这一列中可以为每个测试步骤添加注释，如图 9.32 所示。

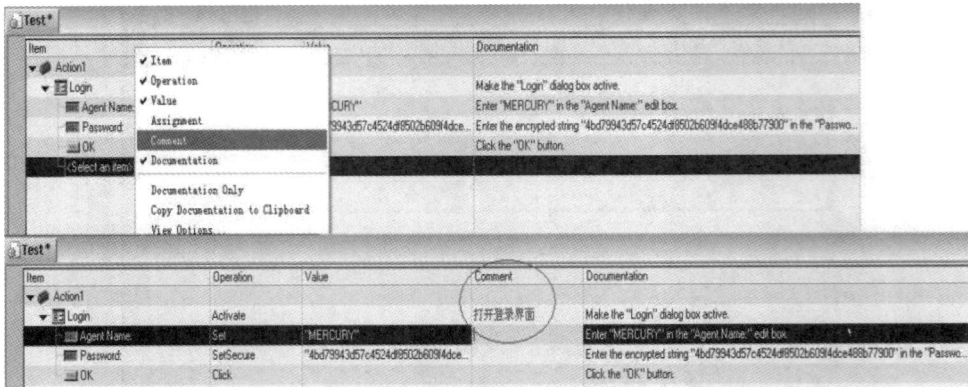

图9.32 添加注释

2) 在关键字视图中添加测试信息的输出

如果想在某个测试步骤完成后，输入相应的测试信息到测试报告中，则可在该测试步骤上单击右键，选择"Insert Step"→"Report"，出现如图9.33所示的界面。

图9.33 插入报告

在图9.33所示界面的"Status"下拉框中，选择写入测试报告的状态(可以是 Done、Passed、Failed、Warning 这4种状态中的一种)，在"Name"中输入信息摘要，在"Details"中输入详细信息。单击"OK"按钮后，如图9.34所示。

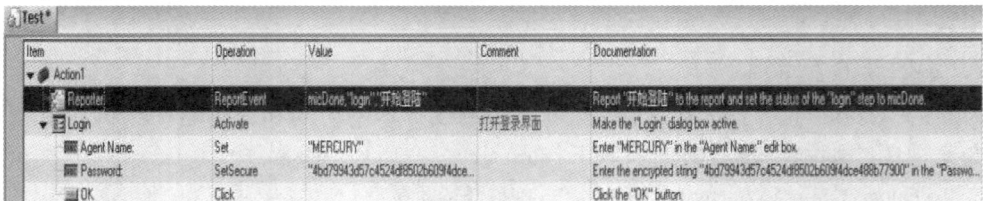

图9.34 添加报告

图 9.34 中 Reporter 是用来向测试结果中添加报告信息的对象，该对象有一个ReportEvent方法。其语法为

Reporter.ReportEvent EventStatus，ReportStepName，Details

说明：

(1) EventStatus：事件身份，有 micPass、micFail、micDone、micWarning 4 种，这4种身份可依次用0、1、2、3表示。例如，可以用"Reporter.ReportEvent micDone"，"Login"，"开始登录操作"表示，也可以用"Reporter.ReportEvent 2""Login""开始登录操作"表示。

- micPass：只要事件身份在测试步骤中通过，就向测试结果中发送报告。
- micFail：只要事件身份在测试步骤中失败，就向测试结果中发送报告，当该语句执行后，测试失败。
- micDone：无论事件身份在测试步骤中失败还是通过，都向测试结果中发送报告。
- micWarning：向测试结果中发送警告信息，但不影响整个测试的运行，也不影响事件身份通过和失败。

(2) ReportStepName：已经在测试步骤中存在的对象的名称。

(3) Details：报告事件的简述，该信息将显示在详细步骤中，组成测试报告。

3) 插入检查点

可检查类型包括图 9.35 中所有 Checkpoint 的子菜单项，包括文字、位图、XML、数据库(数据表)等检查点。每个检查点的执行结果都会在 Automation-Result 中存在相应的记录，有些检查点需要在录制状态下才能够使用。也可通过在测试步骤上单击鼠标右键选择菜单"Insert Standard Checkpoint"。

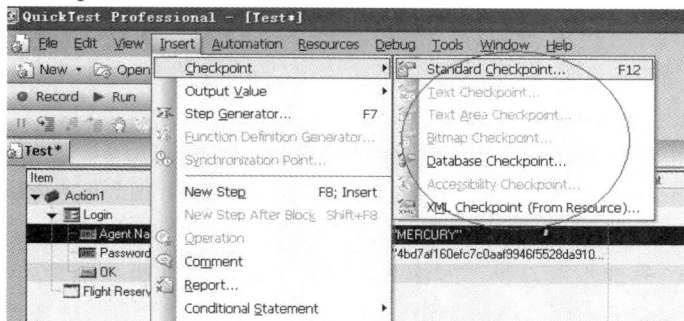

图 9.35　插入检查点

例如，检查"OK"按钮的属性，插入一个标准检查点。首先，定位到 OK 提交的步骤，单击右键，选择菜单项"Insert Standard Checkpoint"，出现如图 9.36 所示的界面。在该界面中选择需要检查的属性，例如，选择"enabled"属性，设置为 True，选择"text"属性，设置为 OK。

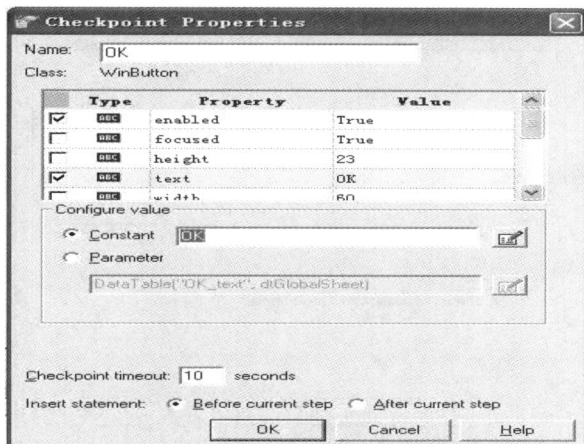

图 9.36　检查点属性

单击"OK"按钮后，则可以在关键字视图中看到新添加的检查点步骤，如图 9.37 所示。

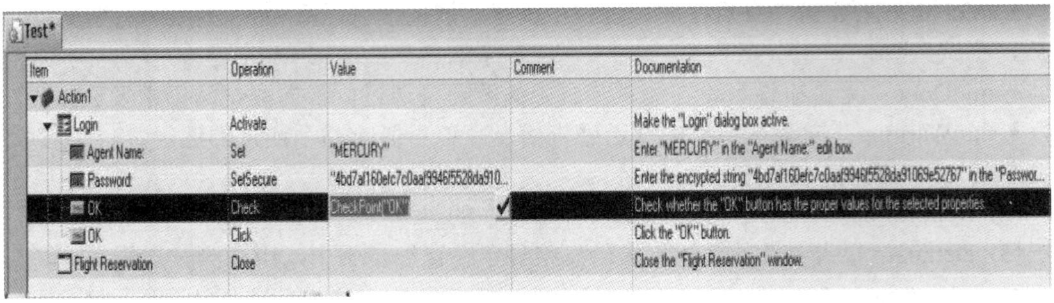

图 9.37　成功添加的检查点步骤

4) 在关键字视图中插入新的测试步骤

例如在输入密码前，需先点击"Help"按钮查看帮助，这时就需要加入点击"Help"按钮的测试步骤。

首先定位到输入用户名的步骤，然后单击鼠标右键，选择"Insert Step"→"Step Generator"，则出现如图 9.38 所示的界面。其中"Category"下拉框中包括"Test Objects""Utility Objects"和"Function"，含义如下：

(1) Test Objects：测试对象，即被测程序的界面上的控件元素。

(2) Utility Objects：工具对象，是 QTP 内建的各种编写测试脚本，辅助建立测试逻辑的工具类对象。

(3) Functions：各种函数，包括库函数、内建函数和本地脚本函数。

这里选择"Test Objects"，然后单击"Object"下拉框旁边的图标按钮。

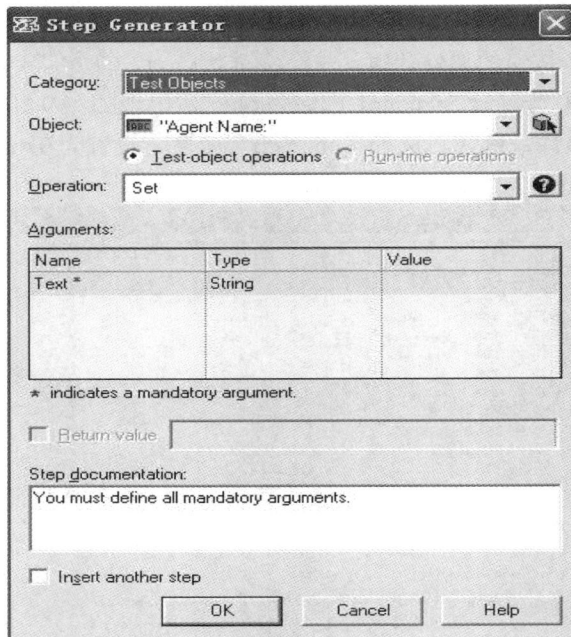

图 9.38　测试步骤产生器

出现选择测试对象界面，如图 9.39 所示，在该界面中选择"Help"对象，然后单击"OK"按钮返回到"Step Generator"界面，在"Operation"的下拉框中选择"Click"，并把"Insert another step"选项勾选上。(如果在"Select Object for Step"界面的对象列表中没有"Help"对象，可以单击界面中的手形按钮，然后移动到 Flight 程序的"Login"界面，从中选择对象"Help"按钮，单击"OK"按钮，把"Help"按钮添加到测试对象列表中。)

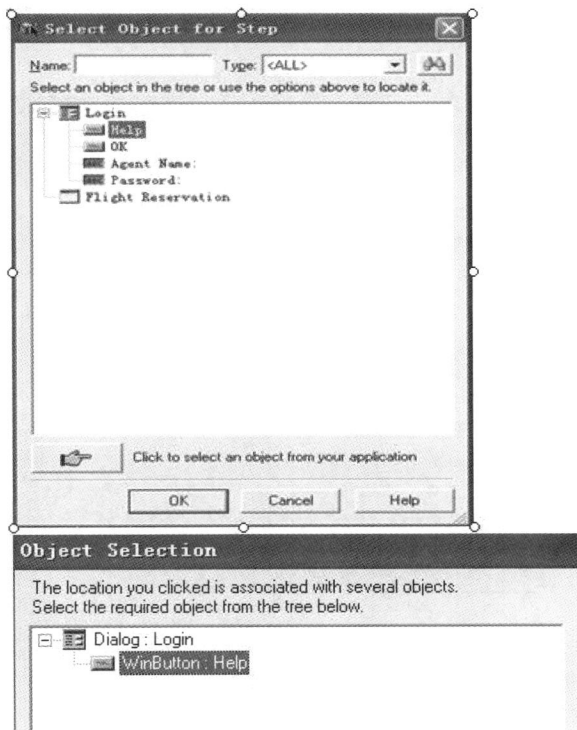

图 9.39　为测试步骤选择测试对象

单击"Insert"按钮，返回关键字视图，可看到新的测试步骤已经添加，如图 9.40 所示。

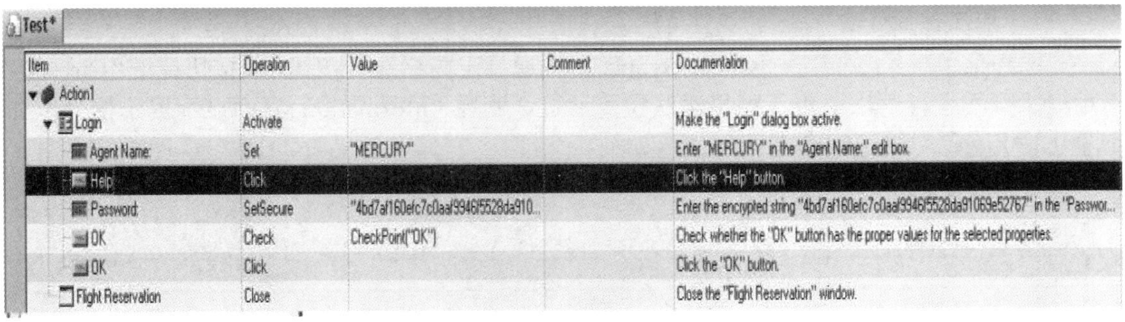

图 9.40　新的测试步骤已添加

5) 在专家视图中编辑测试脚本

"Expert View"是一个强大的 VBScript 脚本编辑器。在这里，可以直接编写测试脚本的代码，适合熟悉 VBScript 语言、有较好编程技巧的自动化测试工程师使用。

在 QTP 中可使用不同的前缀图标和类名称来标识不同的对象类型。

Windows 标准控件包括各种基于 Windows API 和 MFC 开发的应用程序中的各种控件，在 QTP 中，对于这些基本控件都由相应的测试对象来控制，例如，Button 对应 WinButton、CheckBox 对应 WinCheckBox 等。

QTP 提供的脚本编辑器支持"语法感知"功能，例如，在代码中输入 Dialog("Login")后加点，则自动显示一个下拉列表，从中可选取"Login"测试对象所包含的所有属性和方法，如图 9.41 所示。

图 9.41　脚本编辑器

9.3.3　调试测试脚本

1．语法检查

选择菜单项"Tools"→"Check Syntax"，或通过工具栏选择按钮，或按快捷键"Ctrl+F7"对测试脚本进行语法检查。如果语法检查通过，则在 Information 界面显示提示信息，如图 9.42 所示。

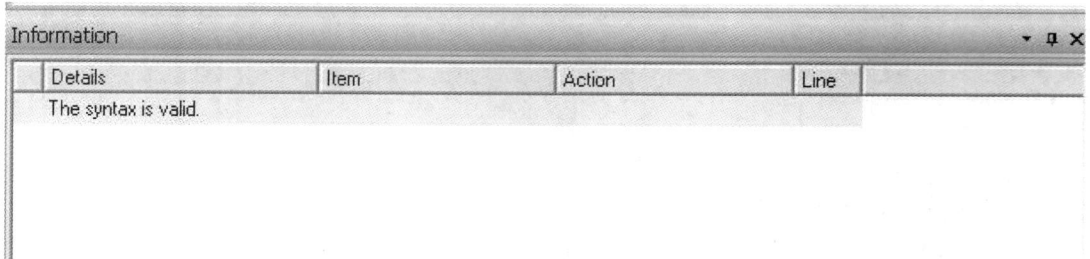

图 9.42　语法检查通过

如果语法检查发现问题，则会在"Information"界面列出详细的信息，如图 9.43 所示。

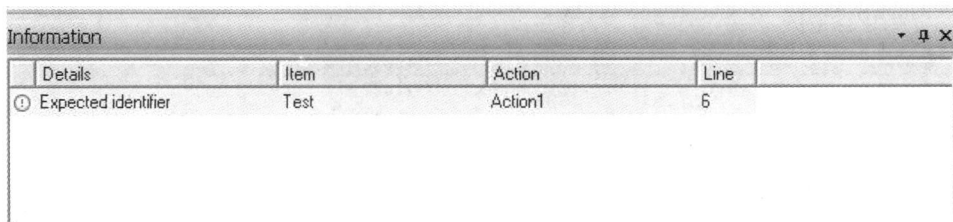

Details	Item	Action	Line
Expected identifier	Test	Action1	6

图 9.43　语法检查详细信息

2．使用断点

语法检查通过后，可以直接运行代码，也可以设置断点对脚本进行调试。可以通过按快捷键"F9"，或单击代码所在行的边框，或单击工具栏的按钮设置断点，如图 9.44 所示。

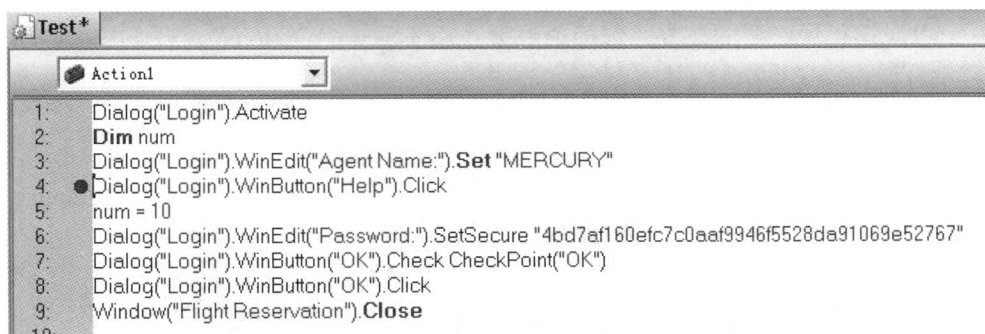

```
Test*
Action1
1:  Dialog("Login").Activate
2:  Dim num
3:  Dialog("Login").WinEdit("Agent Name:").Set "MERCURY"
4: ●Dialog("Login").WinButton("Help").Click
5:  num = 10
6:  Dialog("Login").WinEdit("Password:").SetSecure "4bd7af160efc7c0aaf9946f5528da91069e52767"
7:  Dialog("Login").WinButton("OK").Check CheckPoint("OK")
8:  Dialog("Login").WinButton("OK").Click
9:  Window("Flight Reservation").Close
10:
```

图 9.44　设置断点

然后，按"F5"键运行测试脚本，运行过程将在断点处停住，如图 9.45 所示。此时，可以进行单步调试，可以选择菜单项"Debug"→"Step Over"，或按快捷键"F10"运行到下一行代码，也可以选择菜单项"Debug"→"Step Into"，或按快捷键"F11"进入代码行中所调用的函数。

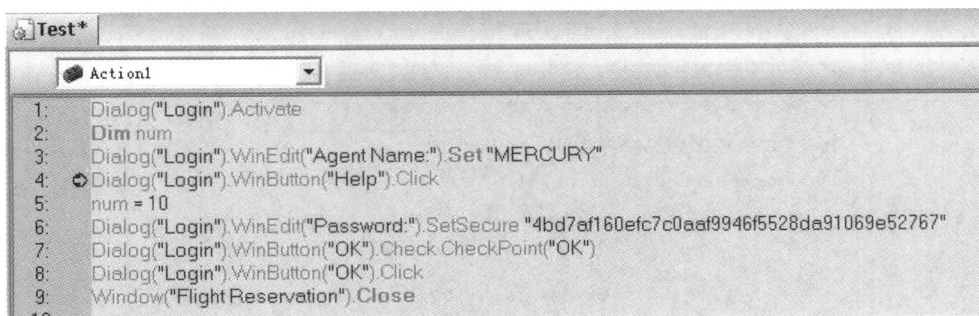

```
Test*
Action1
1:  Dialog("Login").Activate
2:  Dim num
3:  Dialog("Login").WinEdit("Agent Name:").Set "MERCURY"
4: ⊙Dialog("Login").WinButton("Help").Click
5:  num = 10
6:  Dialog("Login").WinEdit("Password:").SetSecure "4bd7af160efc7c0aaf9946f5528da91069e52767"
7:  Dialog("Login").WinButton("OK").Check CheckPoint("OK")
8:  Dialog("Login").WinButton("OK").Click
9:  Window("Flight Reservation").Close
10:
```

图 9.45　单步调试

3．调试查看器的使用

在调试过程中，可选择菜单"View"→"Debug Viewer"显示调试查看器，如图 9.46 所示，就可以看到测试对象属性或变量的值。

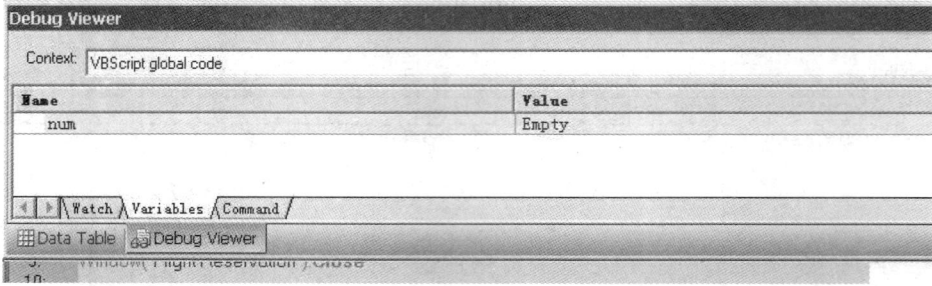

图 9.46　调试查看器

4．运行测试脚本

1）运行整个测试

在进行语法检查和调试都无误后，可以按"F5"键运行整个测试脚本。在运行测试之前，可以对运行做必要的设置，选择菜单项"Tools"→"Options"，出现图 9.47 所示的界面。

- "Run mode"：可选 Normal 或 Fast 运行模式。
- "View results when run session ends"：在运行结束后自动打开测试结果界面。
- "Allow other Mercury products to run tests and components"：允许其他 Mercury 的工具调用 QTP。
- "Save still image captures to results"：保存静止图像到结果中。

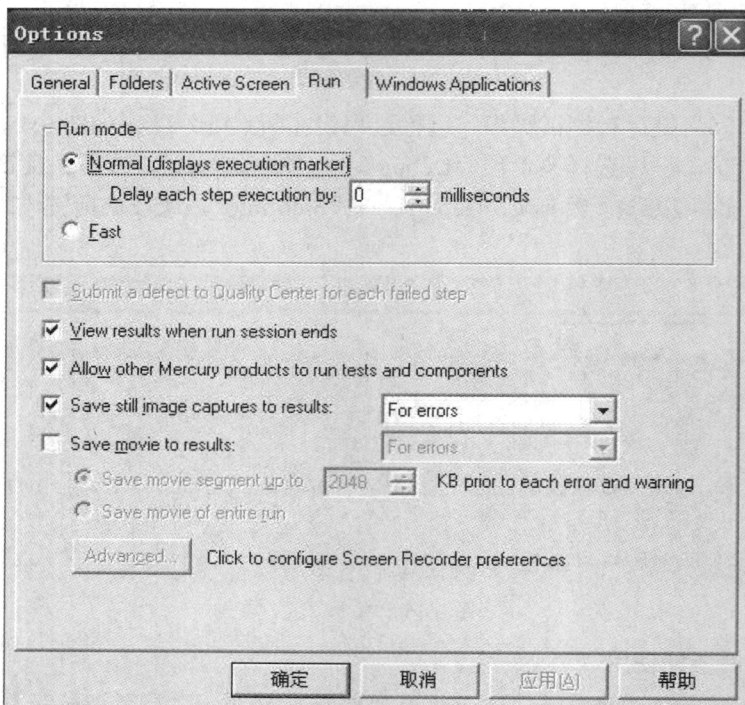

图 9.47　运行方式设置

2) 运行部分测试

如果有多个 Action，则可以定位到需要运行的 Action，然后选择菜单项"Automtion"→"Run Current Action"来运行当前的 Action。还有另一种只运行部分测试的方式，方法是选择某个测试步骤，单击右键，选择菜单项"Run From Step"，可以从当前测试开始运行测试，也可以选择"Run To Step"，从开始运行到当前所选的测试步骤。

3) 批量运行测试

可以使用 QTP 自带的工具"Test Batch Runner"来批量运行测试脚本，需在"Tools"→"Options"中确保"Allow other Mercury products to run tests and components"选项被勾选。通过开始菜单打开"Test Batch Runner"工具，如图 9.48 所示，选择"Batch"→"Add"来添加要运行的测试脚本，选择"Batch"→"Run"来批量运行列表中所有的测试脚本。

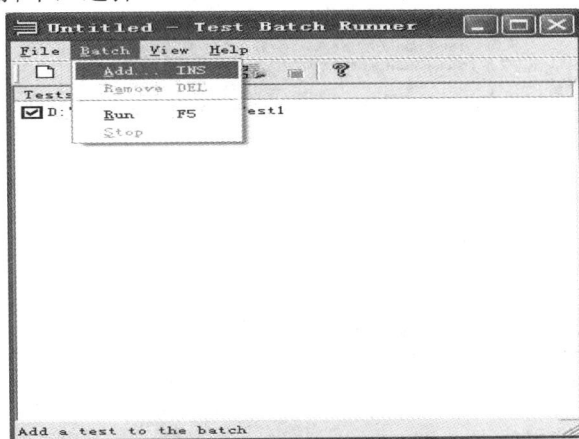

图 9.48　Test Batch Runner 主界面

9.3.4　分析测试结果

1. 选择测试结果的存放位置

在 QTP 中运行测试脚本，会出现如图 9.49 所示的对话框。

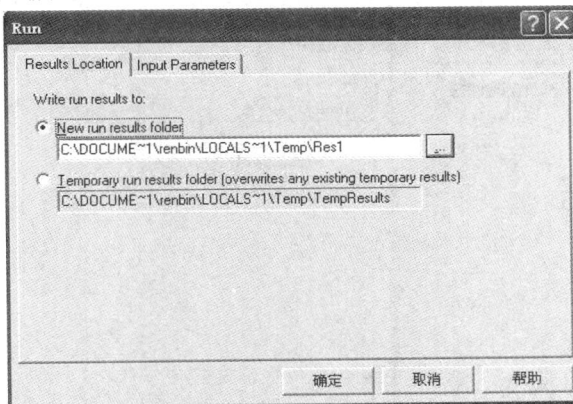

图 9.49　运行设置对话框

如果选择"New run results folder",可以为本次测试选择一个目录用于存储测试结果文件;如果选择"Temporary run results folder",则 QTP 将运行测试结果放在默认目录中,并且覆盖上次该目录中的测试结果。

2. 查看概要测试结果

测试脚本运行结束后,可在图 9.50 所示界面中查看概要的测试结果信息,包括测试的名称、测试开始和结束时间、运行的迭代次数、通过的状态等。

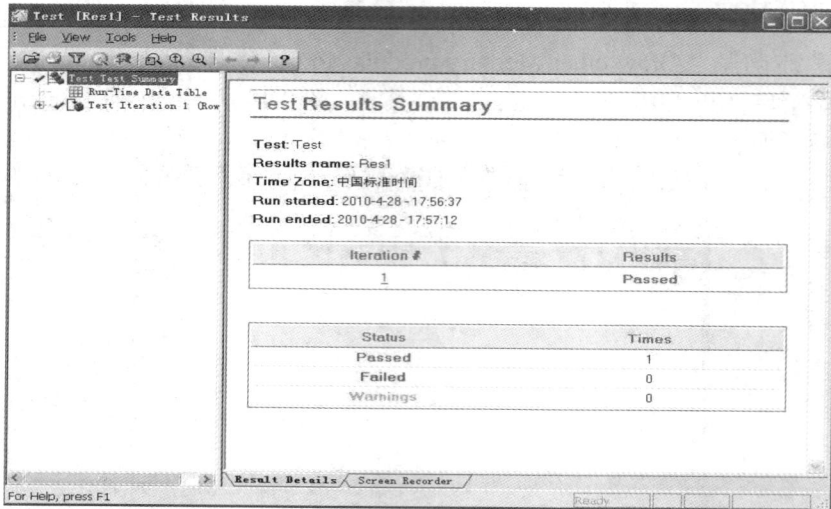

图 9.50 查看概要测试结果

3. 查看检查点的结果

在测试结果的左边窗口中,用树形结构展示了所有测试步骤,如果选择节点 Checkpoint "OK",则出现如图 9.51 所示的界面。

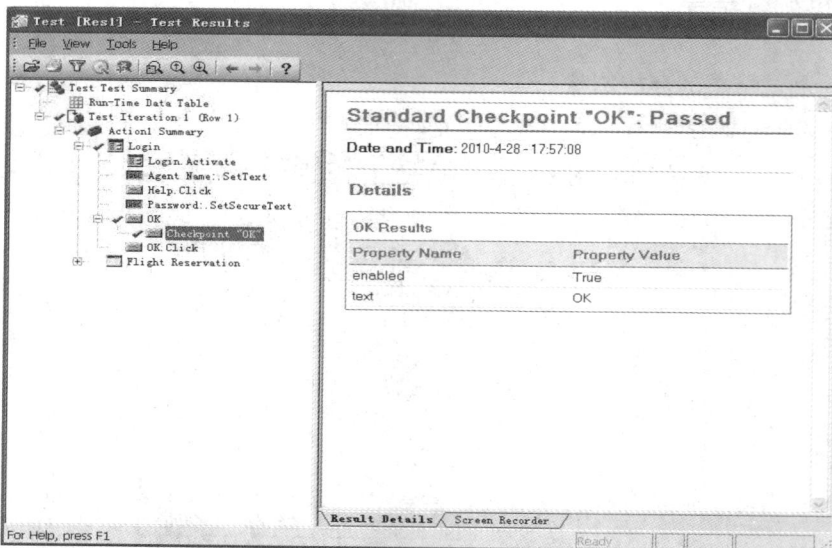

图 9.51 查看检查点结果

习题与思考

1. QTP 9.2 的特点是什么？
2. QTP 支持哪些环境？
3. 在 QTP 中，什么是关键字视图和专家视图？
4. QTP 是如何识别对象的？
5. QTP 测试对象模型是什么？
6. 在 QTP 中，什么是 Object Spy？
7. QTP 支持几种类型的对象库？
8. 图像检查点和位图检查点之间的区别是什么？
9. 解释 QTP 的测试过程。

第 10 章　测试管理工具 TestLink

学习目标

(1) 了解测试管理工具 TestLink 的功能；

(2) 了解测试管理工具 TestLink 的安装；

(3) 掌握测试管理工具 TestLink 的使用。

10.1　TestLink 简介

TestLink 是一款开源的、基于 Web 的测试用例管理系统，它的主要功能是测试用例的创建、管理和执行，并提供了一些简单的统计和分析功能，使我们能够简单地开始测试工作和分析测试结果。

TestLink 用于进行测试过程中的管理，通过使用 TestLink 提供的功能，可以将测试过程从测试需求、测试设计到测试执行完整地管理起来，同时，它还提供了多种测试结果的统计和分析，使我们能够简单地开始测试工作和分析测试结果。TestLink 是 sourceforge 的开放源代码项目之一。

作为基于 Web 的测试管理系统，TestLink 的主要功能包括：

(1) 测试需求管理；

(2) 测试用例管理；

(3) 测试用例对测试需求的覆盖管理；

(4) 测试计划的制订；

(5) 测试用例的执行；

(6) 大量测试数据的度量和统计功能。

实现功能包括：

(1) 根据不同的项目管理不同的测试计划、测试用例、测试构建相互之间独立。

(2) 根据树状的项目、组件、分类等设计测试用例。

(3) 可以基于关键字搜索测试用例。

(4) 可以将现有测试用例简单修改后复用。

(5) 同一项目可以制订不同的测试计划，然后将相同的测试用例分配给该测试计划(可以实现测试用例的复用、筛选)。

(6) 可以设定执行测试的状态(通过，失败，锁定，尚未执行)，失败的测试用例可以和 bugzilla 中的 Bug 关联，每个测试用例执行的时候，可以填写相关说明。

(7) 测试结果分析(可以实现按照需求、按照测试计划、按照测试用例状态、按照版本，统计测试结果)。

(8) 自定义角色，通过角色控制用户权限。

(9) 测试结果可以导出为 Excel 表格。

(10) 测试用例可以导出为 csv、html 格式。

(11) 通过超链接，可以将文本格式的需求、计划关联。

(12) 可以将测试用例和测试需求对应。测试可以根据优先级指派给测试员，定义里程碑。

TestLink 的缺陷：

(1) 不能根据优先级筛选用例，如果需要优先级，必须通过关键字来实现，比较麻烦。

(2) 不能设定测试用例的种类，如果需要必须通过关键字来实现，更麻烦，也不太现实。

(3) 如果测试用例需要大量的数据，创建测试用例时不方便。

TestLink 的优点：

(1) 开源。

(2) 免费。

(3) 基于 Web 界面。

(4) 简单易学。

10.2　安装 TestLink

运行 TestLink 需要有 Web 服务器，一般使用 Apache，另处还需要安装 MySQL 和 PHP。许多人通过他们自己的经验认识到安装 Apache 服务器是件不容易的事儿。如果您想添加 MySQL、PHP 和 Perl，那就更难了。XAMPP 是一个易于安装且包含 MySQL、PHP 和 Perl 的 Apache 发行版。XAMPP 的确非常容易安装和使用：只需下载、解压缩、启动即可。

这里我们假设已经配置好 Web 服务器，只介绍 TestLink 的安装。

(1) 将 TestLink1.9.11.tar.gz 解压缩到 XAMPP 的安装目录的 htdocs 文件夹下，重新命名为 testlink。

(2) Windows 下需要修改 testlink 的配置文件，具体如下：

① 找到 config.inc.php 文件。

② 注释掉 $tlCfg->log_path = '/var/testlink/logs/'。

③ 添加 $tlCfg->log_path = '[testlinkDir]/logs/'。

④ 注释掉 $g_repositoryPath = '/var/testlink/upload_area/'。

⑤ 添加 $g_repositoryPath = '[testlinkDir]/upload_area/'。

(3) 访问 http://localhost/testlink/install/index.php，点击 New installation，如图 10.1 所示。

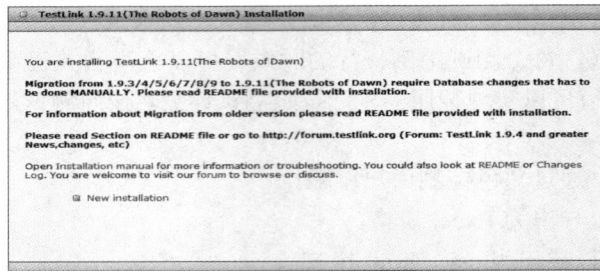

图 10.1　安装界面

(4) 显示协议许可界面，选中"I agree to the terms set out in this license"，点击"Continue"按钮，如图 10.2 所示。

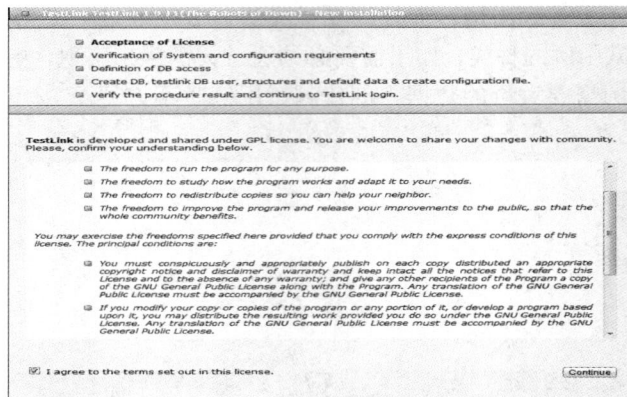

图 10.2　协议许可界面

(5) 检查系统条件界面如图 10.3 所示。

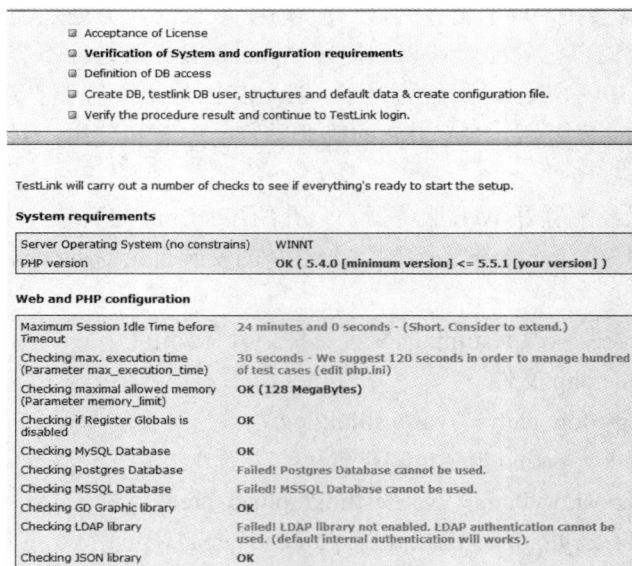

图 10.3　检查系统条件界面

（6）如成功，点击"Continue"按钮，按图 10.4 输入。

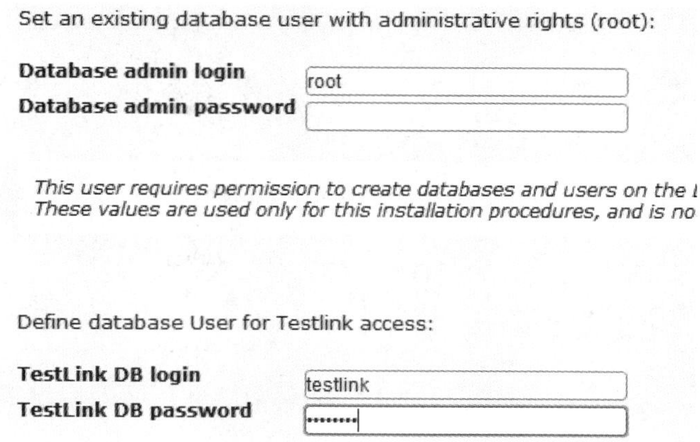

Set an existing database user with administrative rights (root):

Database admin login `root`
Database admin password

This user requires permission to create databases and users on the l
These values are used only for this installation procedures, and is no

Define database User for Testlink access:

TestLink DB login `testlink`
TestLink DB password `••••••••`

图 10.4　设置密码界面

（7）成功界面如图 10.5 所示。

TestLink 1.9.11(The Robots of Dawn)　　　　TestLink 1.9.11(The Robots of Dawn) - New installation

TestLink setup will now attempt to setup the database:

Creating connection to Database Server:OK!

Database testlink does not exist.
Will attempt to create:
Creating database `testlink`:OK!
Creating Testlink DB user `testlink`:OK! (ok - new user)
Processing:sql/mysql/testlink_create_tables.sql
OK!
Writing configuration file:OK!

YOUR ATTENTION PLEASE:
To have a fully functional installation You need to configure mail server settings, following this steps

　　☑ copy from config.inc.php, [SMTP] Section into custom_config.inc.php.

　　☑ complete correct data regarding email addresses and mail server.

Installation was successful!
You can now log in to Testlink (using login name:admin / password:admin - Please Click Me!).

图 10.5　成功界面

（8）登录 http://localhost/testlink，默认用户名为 admin，密码为 admin，其登录成功界面
如图 10.6 所示。

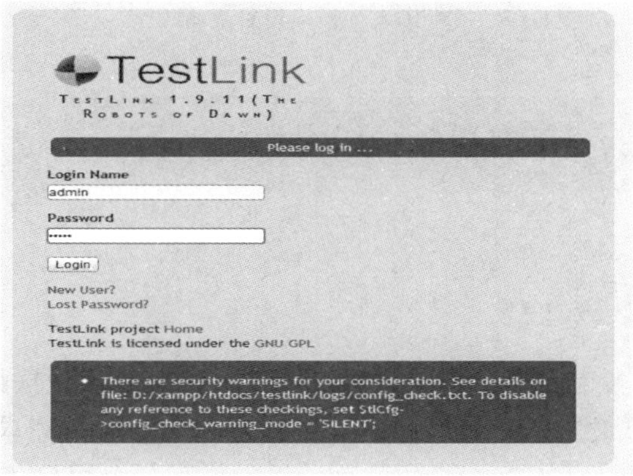

TestLink
TESTLINK 1.9.11(THE
ROBOTS OF DAWN)

Please log in ...

Login Name
`admin`
Password
`••••`
[Login]
New User?
Lost Password?

TestLink project Home
TestLink is licensed under the GNU GPL.

• There are security warnings for your consideration. See details on
file: D:/xampp/htdocs/testlink/logs/config_check.txt. To disable
any reference to these checkings, set $tlCfg
->config_check_warning_mode = 'SILENT';

图 10.6　登录成功界面

(9) 进入 MySettings 界面，修改语言为中文，如图 10.7 所示。

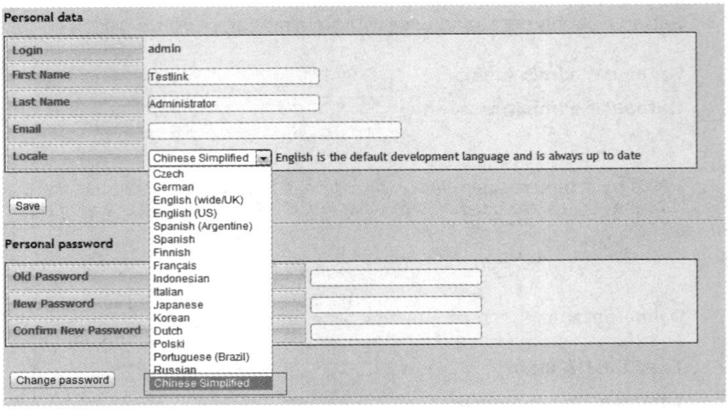

图 10.7　MySettings 界面

(10) 填入 email 地址，点击"Save"按钮。

(11) 最后显示中文界面，如图 10.8 所示。

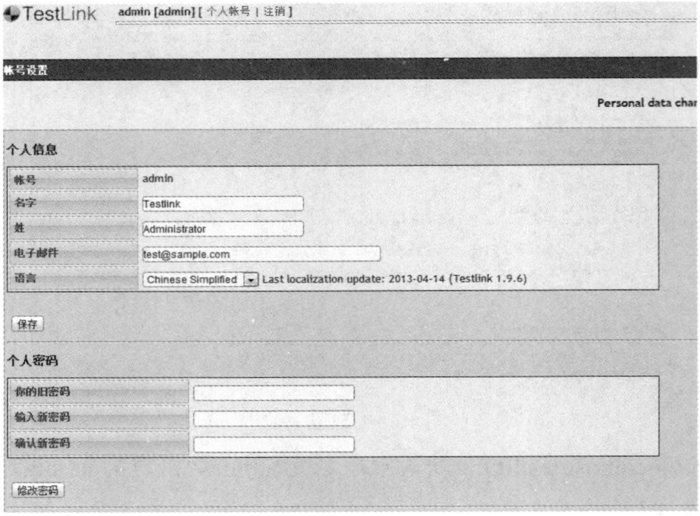

图 10.8　账号设置界面

10.3　初　始　设　置

10.3.1　创建项目(产品)

TestLink 可以管理多个项目，但只有 Admin 用户可以管理项目(进行新建和修改等操作)，在 Admin 进行项目设置后，其他测试人员才可以进行测试需求、测试用例、测试计划等相关管理工作。初始状态的 Test Link 没有项目，只有一个用户 Admin，在创建了项目之后，我们才可以添加新用户。

图 10.9 是 TestLink 创建新的测试项目的界面，主要项目有名称、前缀、项目描述和可用性等，其中名称和前缀是必填项。

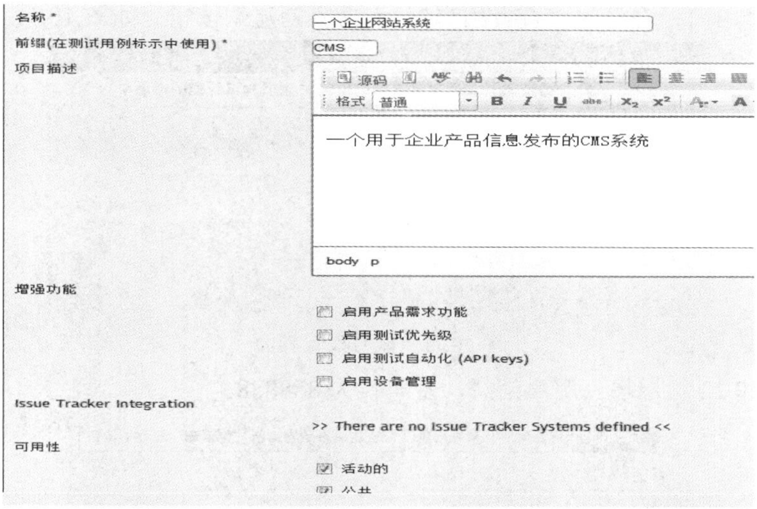

图 10.9　创建项目界面

创建成功后，可以在"测试项目管理"中看到它，如图 10.10 所示。

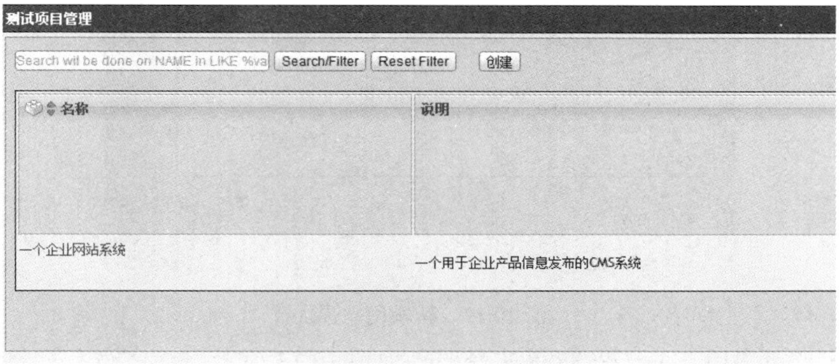

图 10.10　测试项目管理

10.3.2　设置用户

TestLink 系统提供了六种角色(Role)，它们相对应的功能权限如下：

- Admin：所有权限，主要用来进行用户管理和全局设置。
- Tester：可以浏览测试规范、关键字、测试结果以及编辑测试执行结果。
- Test Designer：编辑测试规范、关键字和需求规约。
- Senior Tester：允许编辑测试规范、关键字、需求以及测试执行和创建发布。
- Leader：允许编辑测试规范、关键字、需求、测试执行、测试计划(包括优先级、里程碑和分配计划)以及发布。
- Guest：可以浏览测试规范、关键字、测试结果以及编辑个人信息。

创建一个新用户的步骤如下：

(1) 点击导航栏的"用户管理"项。

(2) 进入"用户管理"的"查看用户"，点击"创建"按钮，如图 10.11 所示。

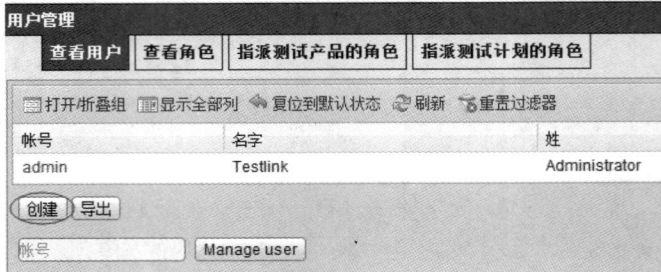

图 10.11　账号设置界面

(3) 按图 10.12 所示填入用户信息，密码设为 888888。

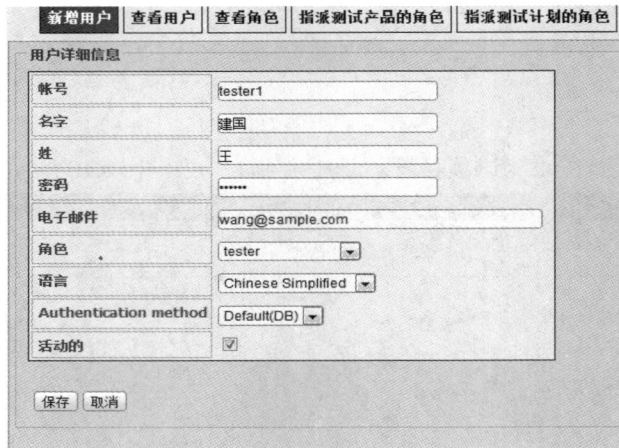

图 10.12　新增用户界面

(4) 退出登录，用 tester1/888888 来登录，如图 10.13 所示。

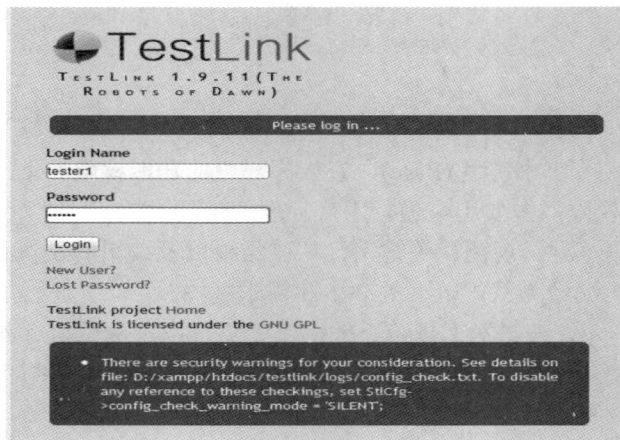

图 10.13　登录界面

（5）登录成功后，可以管理 tester1 的账户，如图 10.14 所示。

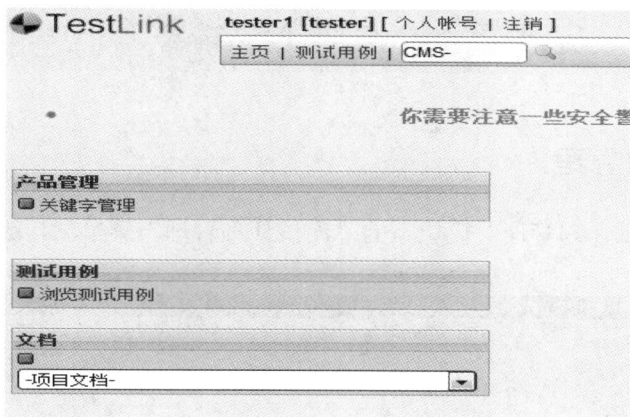

图 10.14　管理 tester1 的账户界面

10.4　测试需求管理

需求规格说明书是我们进行测试的主要依据。在 TestLink 里，需要在项目的"增强功能"中选中 "启用产品需求功能"。一个产品可以包括一个或多个测试需求，新建测试需求文档是比较简单的，如图 10.15 所示。

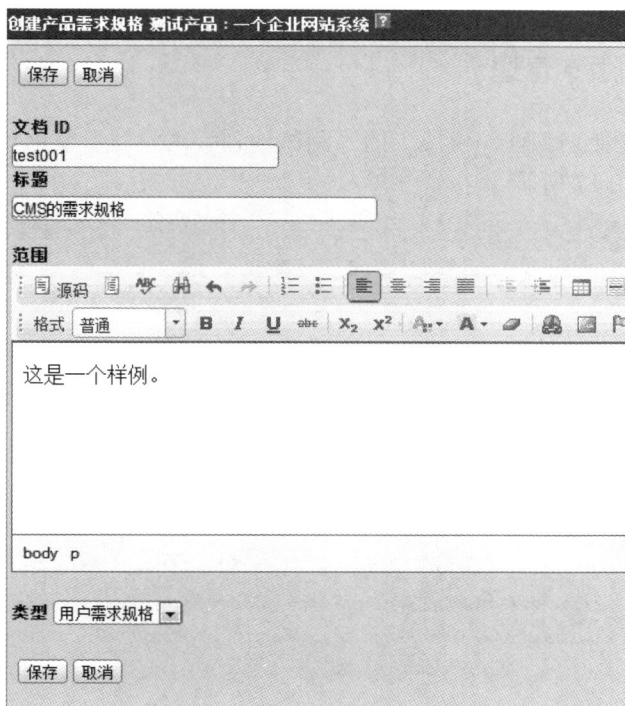

图 10.15　创建产品需求界面

10.5 创建测试计划

10.5.1 测试计划管理

点击主页"测试计划管理"模块下的"测试计划管理"菜单项，进入测试计划创建界面，如图 10.16 所示。

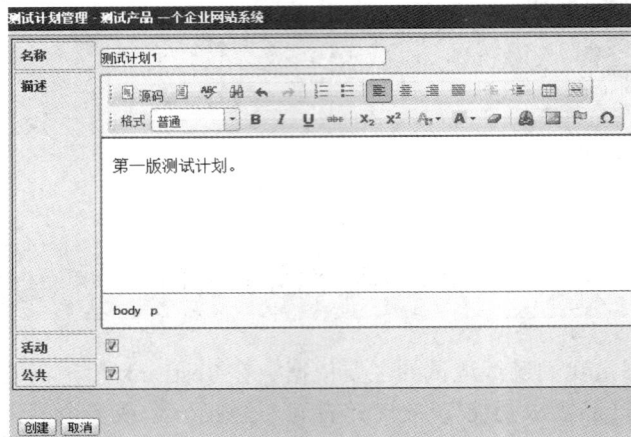

图 10.16 测试计划管理界面

10.5.2 测试计划版本管理

点击主页"测试计划管理"模块下的"测试计划版本管理"菜单项，创建一个新的测试计划版本，如图 10.17 所示。

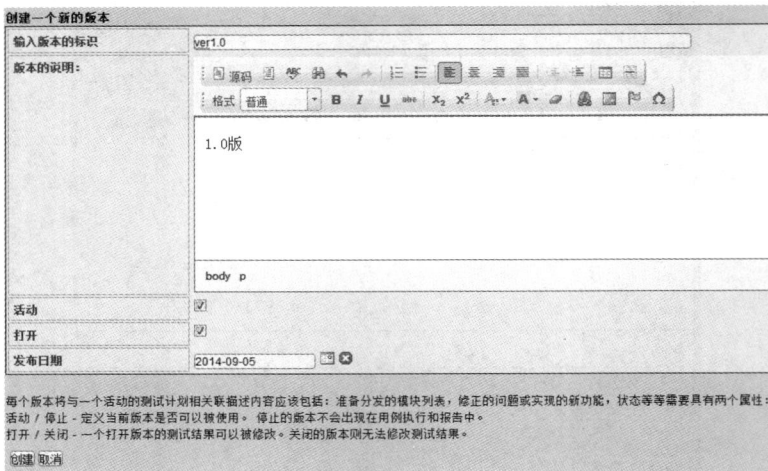

图 10.17 测试计划版本管理界面

10.5.3　指派用户角色

　　点击主页"测试计划管理"模块下的"指派用户角色"菜单项，为测试计划指派用户，如图 10.18 所示。

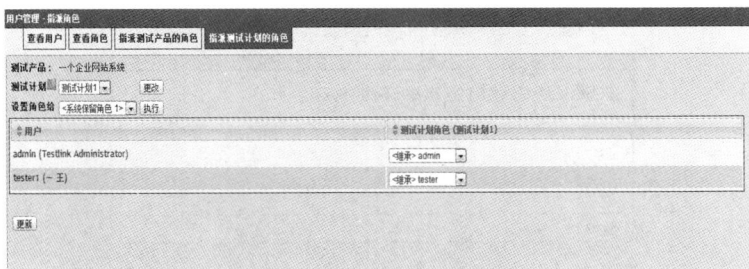

图 10.18　指派用户角色界面

10.6　测试用例管理

　　TestLink 支持的测试用例的管理包含两层：新建测试用例集和创建测试用例。可以把测试用例集对应到项目的功能模块，测试用例则对应着具体的功能。我们可以使用测试用例搜索功能从不同的项目、成百上千的测试用例中查到我们需要的测试用例，并且还提供移动和复制测试用例的功能，可以将一个测试用例移动或复制到别的项目里，勾上自动更新树选项，添加、删除或编辑测试用例后更新树会被自动更新。

10.6.1　新建测试用例集

　　点击主页的测试用例管理菜单，在左侧选中要新建测试用例集的产品，右侧提示具体的操作，如图 10.19 所示。

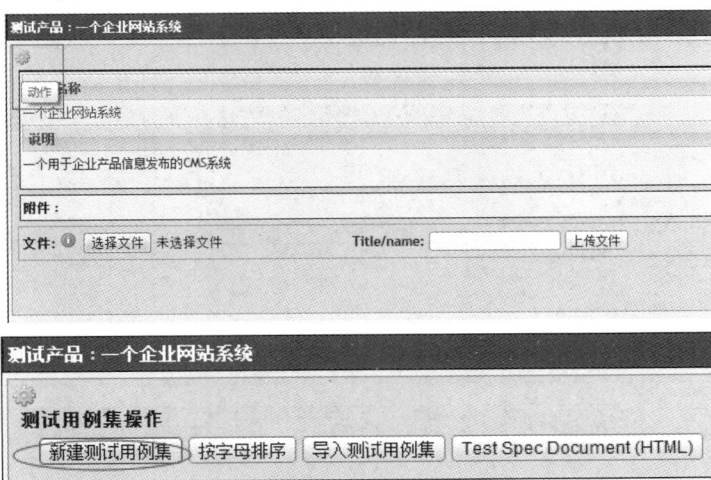

图 10.19　测试产品界面

点击该界面的"新建测试用例集"按钮，得到界面如图 10.20 所示。

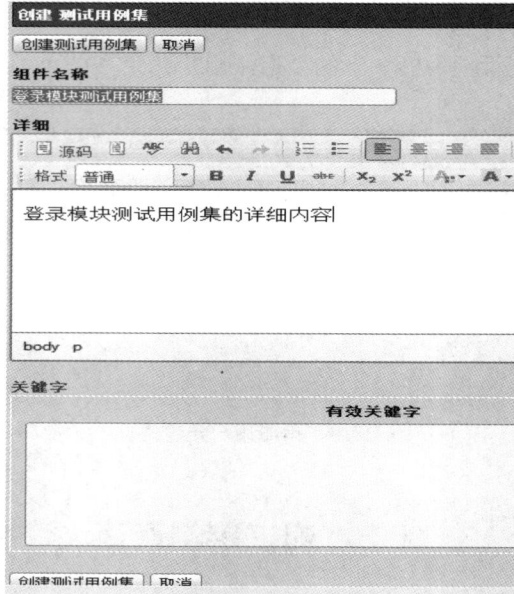

图 10.20　新建测试用例集界面

创建成功后可在左侧树型控件中找到该用例集，如图 10.21 所示。

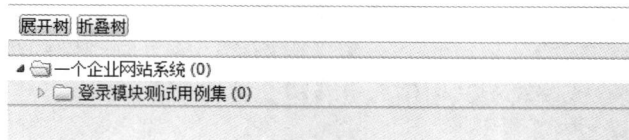

图 10.21　树型控件界面

10.6.2　创建测试用例

点击主页的测试用例管理菜单，在左侧选中一个测试用例集，右侧提示具体的操作，如图 10.22 所示。

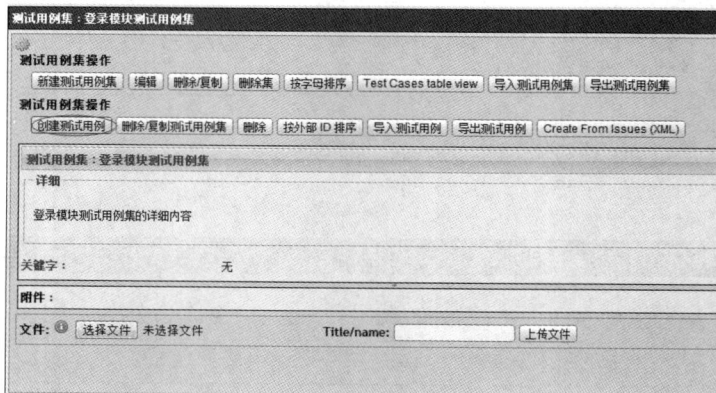

图 10.22　测试用例集界面

点击该界面右侧的"创建测试用例"按钮，弹出新建测试用例的窗口，如图 10.23 所示。

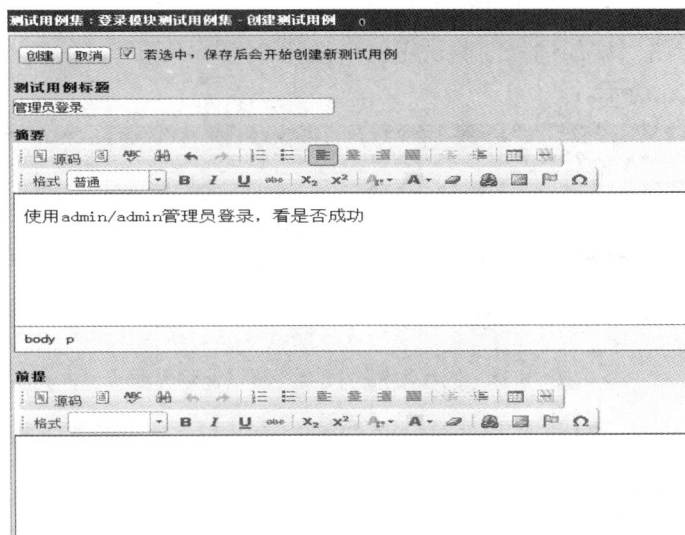

图 10.23　新建测试用例界面

10.7　测试计划用例管理

10.7.1　添加测试用例到测试计划中

在主页中通过测试计划下拉列表，选择一个测试计划，点击"测试用例集"下的"添加测试用例到测试计划中"按钮，进入向测试计划中添加测试用例界面，如图 10.24 所示。

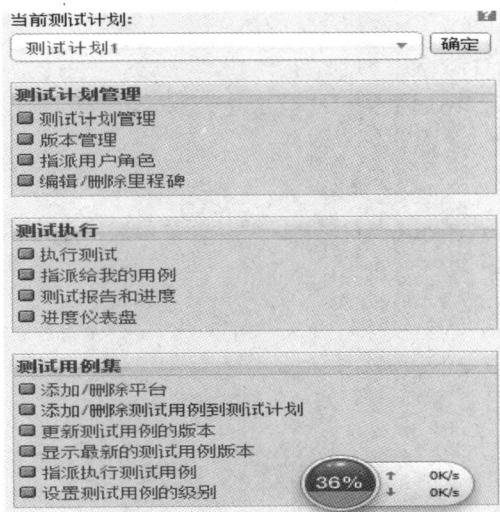

图 10.24　测试计划操作界面

点击一个测试用例集，可以看到该测试用例集下的所有测试用例，选择该测试计划中要执行的测试用例，也可以根据版本下拉列表来选择该测试计划下需要执行的测试用例版本。选择好后，点击"增加选择的测试用例"按钮，可以将选择好的测试用例分配给该测试计划，如图 10.25 所示。

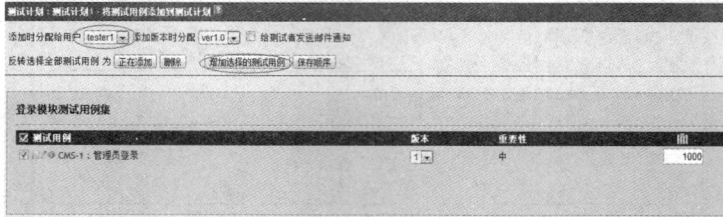

图 10.25　测试用例分配给该测试计划界面

10.7.2　移除测试用例

先点击"删除"按钮，然后点击"添加/删除选择的"按钮，将测试用例移除，如图 10.26 所示。

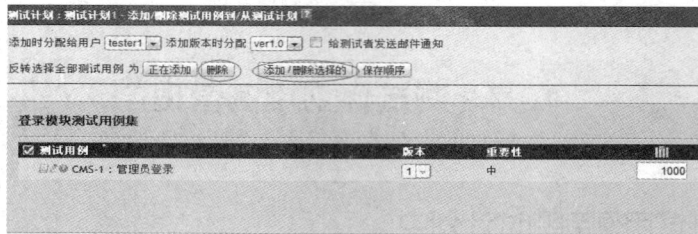

图 10.26　移除测试用例界面

10.7.3　分配测试任务

在主页选择"指派执行测试用例"，如图 10.27 所示。

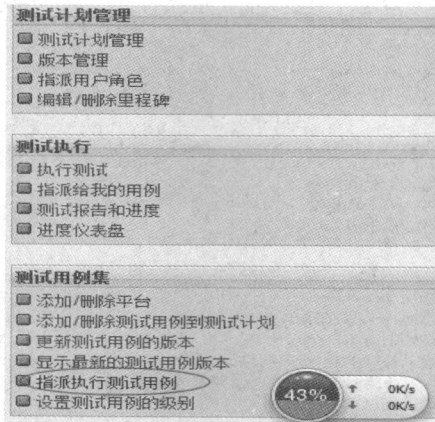

图 10.27　分配测试任务界面

选择要测试的测试用例或者测试套件，选择该项目的测试员，点击"保存"按钮提交，如图 10.28 所示。

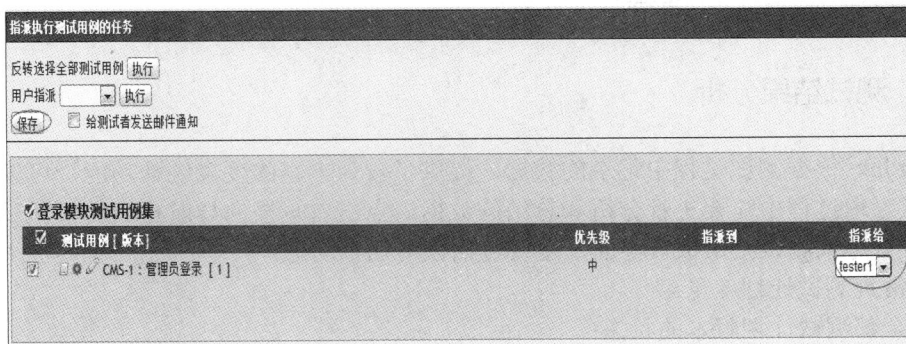

图 10.28　指派执行测试用例任务界面

10.8　执行测试和报告缺陷

10.8.1　执行测试

使用分配有测试任务的用户名登录系统，选择"执行测试"。

这里测试结果有以下四种情况，如图 10.29 所示。

(1) 通过：该测试用例通过；

(2) 失败：该测试用例没有执行成功，这个时候可能就要向 Bugzilla 提交 Bug 了；

(3) 锁定：由于其他用例失败，导致此用例无法执行，被阻塞；

(4) 尚未执行：如果某个该测试用例没有执行，则在最后的度量中标记为"尚未执行"。

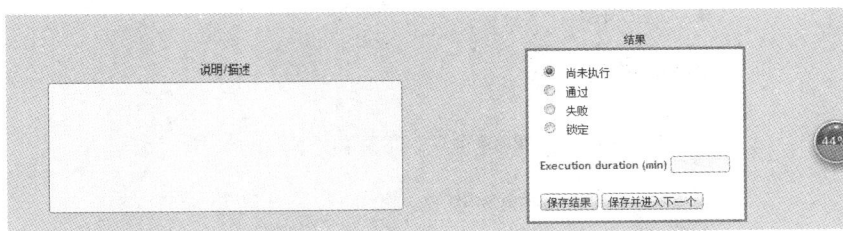

图 10.29　测试用例执行结果界面

10.8.2　报告缺陷

当测试失败后，应该报告测试产生的 Bug，如果 TestLink 与 Bugzilla 集成了，那么执行完测试后，测试结果中会多出一项 Bug 管理的项，它是一个小虫子的标记，点击小虫子，系统会弹出一个记录 Bug 号的输入框，输入相关的 Bug 编号后，测试结果中会多出一个相关问题的栏，点击那个相关问题的编号就可以直接链接到 Bugzilla 的缺陷管理系统，这里我们主要关注 TestLink，就不再详细介绍了。

10.8.3　测试结果分析

TestLink 根据测试过程中记录的数据，提供了较为丰富的度量统计功能，可以直观地得到测试管理过程中需要进行分析和总结的数据。点击首页横向导航栏中的“测试结果”菜单，即可进入测试结果报告界面，主要包括以下几个功能：

(1) 常规测试计划度量；

(2) 全部测试计划版本的状态；

(3) 查询度量；

(4) 执行失败的用例列表；

(5) 执行阻塞的用例列表；

(6) 尚未执行的用例列表；

(7) 测试报告；

(8) 图表。

一个简单的测试报告如图 10.30 所示。

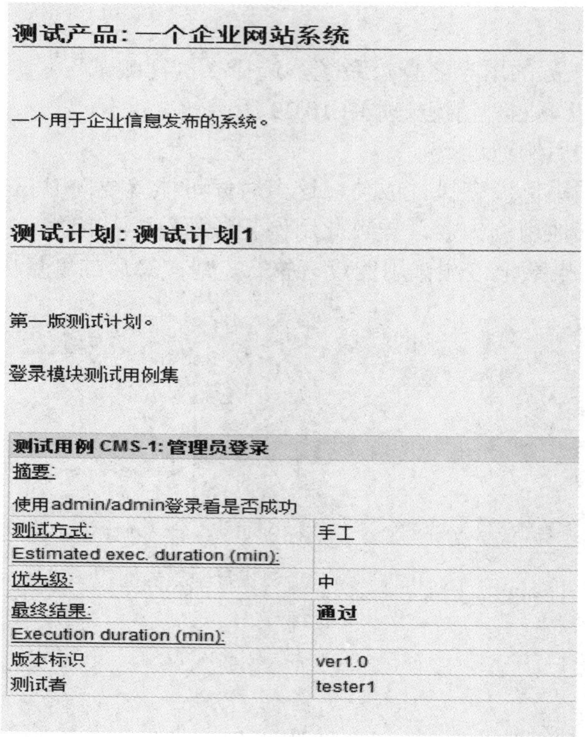

测试产品：一个企业网站系统

一个用于企业信息发布的系统。

测试计划：测试计划1

第一版测试计划。

登录模块测试用例集

测试用例 CMS-1：管理员登录	
摘要:	
使用admin/admin登录看是否成功	
测试方式:	手工
Estimated exec. duration (min):	
优先级:	中
最终结果:	**通过**
Execution duration (min):	
版本标识	ver1.0
测试者	tester1

图 10.30　测试报告

习题与思考

1. TestLink 的主要功能包括哪些?
2. TestLink 的优点是什么?
3. TestLink 的缺陷优点是什么?
4. 简述 TestLink 的使用。

参 考 文 献

[1] 佟伟光. 软件测试技术[M]. 北京：人民邮电出版社，2013.

[2] 胡铮. 软件自动化测试工具实用技术[M]. 北京：科学出版社，2011.

[3] http://www.51testing.com/html/index.html.

[4] 毛志雄. 软件测试理论与实践[M]. 北京：中国铁道出版社，2008.

[5] 朱少民. 软件测试方法和技术[M]. 北京：清华大学出版社，2005.

[6] 王顺，朱少民，汪红兵，等. 软件测试方法与技术实践指南[M]. 北京：清华大学出版社，2010.

[7] 冉娜. 软件测试技术基础[M]. 北京：电子工业出版社，2016.